Heinz Falk

Ausgewählte Übungsbeispiele zur Nomenklatur Organischer Verbindungen

Springer-Verlag
Wien New York

Prof. Dr. Heinz Falk
Institut für Organische Chemie
Universität Wien, Österreich

Library of Congress Cataloging in Publication Data

Falk, Heinz, 1939-
   Ausgewählte Übungsbeispiele zur Nomenklatur organischer
Verbindungen.

   1. Chemistry, Organic--Nomenclature. I. Title.
QD291.F34   547'.001'4   78-6133

ISBN 978-3-211-81479-6   ISBN 978-3-7091-8514-8 (eBook)
DOI 10.1007/978-3-7091-8514-8

Inhaltsverzeichnis

Einführung

Im Rahmen einer Lehrveranstaltung über die Nomenklatur organischer Verbindungen für Pharmazeuten und Chemiker, die sich im wesentlichen an D. Hellwinkels „Die systematische Nomenklatur der organischen Chemie — Eine Gebrauchsanweisung" (Heidelberger Taschenbücher, 135. Band. Berlin-Heidelberg-New York: Springer 1974) orientierte, wurde die Erfahrung gemacht, daß ein Lernerfolg nur durch intensives Üben zu erzielen ist. Durch die im vorliegenden Büchlein zusammengetragene Sammlung soll eine Lücke, die sich durch den Mangel an geeigneten Übungsbeispielen ergeben hat, geschlossen werden.

Die Beispiele zeigen weniger die Grenzen und Geltungsbereiche der einzelnen Nomenklatursysteme auf, sondern sind eher im Hinblick auf die Praxis des Pharmazeuten und Organikers ausgewählt worden. Als Quelle dienten hierbei für Konstruktionen das oben zitierte Buch (s. vor allem auch die dort zitierte Literatur), das IUPAC-Manual und dessen deutsche Version; die praxisorientierten Beispiele stammen aus den Chemical Abstracts, dem „Ring Index" und einschlägigen pharmazeutisch-chemischen Stoffsammlungen. Ebenso spielen hinsichtlich der Anordnung und Abfolge der Beispiele didaktische Überlegungen eine Rolle: Aufbauend auf die Handhabung von Stammsystemen und daraus abgeleiteter Radikale wird in aufeinanderfolgenden Abschnitten durch die Auswahl der Beispiele versucht, das Erlernte durch Wiederholung (Integration von Teilstücken in größere Molekülverbände) zu festigen und zu vertiefen, um schließlich zur Nomenklatur substituierter Systeme vorzudringen. Im Rahmen dieser Gruppe sind auch Beispiele vorhanden, bei denen die Anwendung der stereochemischen Nomenklatur (soweit sie auf die Zuordnung der Konfiguration an Doppelbindungen und Chiralitätszentren bezogen ist) im Vordergrund steht.

Ob nun die Fertigkeit, Formelbilder aus Namen abzuleiten, oder jene, aus Namen Strukturformeln zu rekonstruieren, erreicht werden soll, bestimmt die Handhabung des Textes. Zu jeder Formelnummer findet sich ein Name im Komplementärteil. Dies gibt die Möglichkeit zur Kontrolle und kann durch die Benützungsmöglichkeit in beiden Richtungen eine gezielte Ausbildung ermöglichen. Damit sollte die vorliegende Sammlung nicht nur ein Hilfsbuch für einschlägige Vorlesungen („Nomenklatur, „Organische Chemie", „Pharmazeutische Chemie", „Chemie für Mediziner", etc.) sein, sondern darüber hinaus Material zum Selbststudium anbieten.

Es sei darauf hingewiesen, daß wohl in der Richtung vom Namen zur Formel die Lösung immer eindeutig ist, daß aber in umgekehrter Richtung je nach Anwendung der einzelnen Nomenklatursysteme unterschiedliche Namen resultieren können. Der angeführte Name entspricht nicht immer der strengen IUPAC-Regelung, sondern er wurde in vielen Fällen unmittelbar der pharmazeutisch-chemischen Referenzliteratur entnommen. Hier ist der abgeleitete Name dann mit Hilfe der oben zitierten „Anweisung" zu überprüfen, d. h. für den Vorgang der Umsetzung von Formeln in Namen wird vor allem für die substituierten Systeme *eine* mögliche Lösung geboten. in Zweifelsfällen ist aber auf die Referenzliteratur zurückzugreifen — was erfahrungsgemäß einen wesentlichen Lerneffekt in sich birgt.

Zur Schreibweise der Strukturformeln ist zu bemerken, daß Alkylfragmente in der Form $X-\!\!-\!\!- \;=\; X-CH_3$, $X\!-\!\!\wedge\!\!-Y \;=\; X-CH_2-Y$, $X-\!\!\big<^Y_Z \;=\; X-CH(Y)-Z$, $\diagup\!\!\diagdown \;=\; CH_2\!=\!CH-CH_3$, $-\!\!\equiv \;=\; CH_3-C\!\equiv\!CH$ und der Phenylrest als $-C_6H_5 \;=\; -\!\phi \;=\; -\!\phi \;=\; -\!\bighexagon \;=\; -\!\bighexagon$, wiedergegeben werden. Desgleichen ist bei Heterocyclen die Bedeutung von $-N- \;=\; -NH-$ etc. — bei primären und sekundären Aminen und verwandten Funktionen wurde jedoch das H-Atom in der Regel angeschrieben.

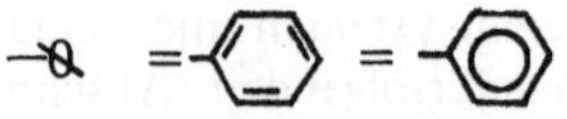

Namen

Stammsysteme und davon abgeleitete Radikale

1. Acyclische Kohlenwasserstoffe

1   2,2,3-Trimethylbutan

2   2,3,4,5,6-Pentamethylheptan

3   3,5-Dimethyl-4-isopropyl-heptan

4   2,2,4,6,6-Pentamethylheptan

5   6,6-Bis-(1,1-dimethylbutyl)-3-methyl-undecan

6   6-Methyl-6-(1-methyl-butyl)-tridecan

7   3-Methylen-1,4,6-heptatrien

8   7-Vinyliden-1,3,5,8,10,12-tridecahexaen

9   2,8-Dimethyl-5-vinyl-nona-1,8-dien-3,6-diin

10   5-Allyl-3-*sec*.butyl-8-ethyl-1,3,7,9-decatetraen

11   3,7-Dimethyl-1,3,6-octatrien

12   7-Methyl-3-methylen-1,6-octadien

13   2,2,7-Trimethyl-3,5-octadiin

14   2-Isopropyl-4-methyl-5-prop-2-inyl-1,3,5,8-undecatetraen

15   4,10-Bis-(1,1-diethylbutyl)-3,5,7-trimethyl-1,16-heptadecadien

2. Cyclische Kohlenwasserstoffe

16   1,1-Dibutylcyclopropan

17   1-Vinyl-2-ethyl-3-methyl-cyclopropan

18   Tetra-*tert*.butyl-cyclobutadien

19   1-Allyl-3-propenyl-1,3-cyclopentadien

20   4-[3-(3-Methyl-cyclopentyl)-propyl]-1-(3-methyl-
     cyclopentyl)-nonan

21   1,3-Bis-[3-(cyclohexylmethyl)-cyclohexylmethyl]cyclohexan

22   4-[3-(3,4-Dimethyl-cyclohexyl)-propyl]-1-(3,4-dimethyl-
     cyclohexyl)-nonan

23   1,4-Dipropyl-1,4-cyclohexadien

24   1-Isopropyliden-3-isopropenyl-5-isopropyl-cyclohexan

25   1-Ethyliden-4,4-dimethyl-2,5-cyclohexadien

26   2-Methyl-1-(4-methyl-cyclohexyl)-1-[2-methyl-5-(2-methyl-
     propyl)-cyclohexyl]-propan

27   1-Methyl-4-(1,5-dimethyl-4-hexenyliden)-cyclohexen

28   1,18-Bis-(2,6,6-trimethyl-cyclohexenyl)-3,7,12,16-
     tetramethyl-octadeca-1,3,5,7,9,11,13,15,17-nonen

29   1,5,9-Trimethyl-1,5,9-cyclododecatrien

30   1-Ethinyl-2-cyclohexa-2,4-dienyl-3-cyclopropyl-
     cyclotetradecen

31   3-(2,4-Dimethylcyclobutyl)-3-[bis-(cyclopropylmethyl)-
     methyl]-1,4-pentadien

32   2-Isopropyl-1,2,3,3a-tetrahydropentalen

33   1,3-Diethyl-5*H*-inden

34   2-Cyclopentenyliden-cyclooctan

35   1-Ethyliden-4-*sec*.butyl-5-isobutyl-2,4,6-cycloheptatrien

36   1-Isobutyl-3-butyl-cyclodecapentaen

37   2-[2-(4-isohexyl-decyl)-2-butenyl]-naphthalin

38   4a,8a-Dimethyl-perhydronaphthalin

39   1-(1,1,2-Trimethylpropyl)-1,2,3,4,4a,8a-hexahydronaphthalin

40   1,6-Dimethyl-4-isopropyl-3,4,4a,5,8,8a-hexahydronaphthalin

41   1,4-Dimethyl-7-isopropyl-azulen

42   3-(1-Ethyl-1-methyl-pentyl)-heptalen

43   1,4,5,8-Tetramethyl-4a,8b-dihydrobiphenylen

44   9-Styryl-3H-fluoren

45   3-Ethyl-9-cyclohexylidenfluoren

46   1-Isobutyliden-phenalen

47   1-Cyclopropyl-7-(2-ethyl-cyclobutyl)-phenanthren

48   2-(2-Propinyl)-9,10-dihydrophenanthren

49   9-(1-Ethyl-2-cyclohex-2-enyliden-pentyl)-anthracen

50   9-Propyliden-10-ethyliden-9,10-dihydroanthracen

51   9-[2-(6-propyl)-naphthylmethyl]-anthracen

52   6,12-Dimethyltetracen

53   2-(Anthracenyl-2)-pyren

54   2-(Indenyl-3)-triphenylen

55   2,3-Diallyl-9,10-dihydro-9,10-ethanoanthracen

56   1,5-Ethano-1,4,4a,5,8,8a-hexahydronaphthalin

57   3-Vinyl-1,6-methano-cyclodecapentaen

58   6,7-Dihydro-1H-3a,7-methanoazulen

59   2,6-Dimethyl-bicyclo[2.2.0]hexan

60   6,6-Dimethyl-2-methylen-bicyclo[3.1.1]heptan

61   6-Cyclopropyl-bicyclo[3.1.1]hept-2-en

8

62   2-(2-cyclobutenyl)-bicyclo[3.2.0]heptan

63   7-Isopropyliden-bicyclo[2.2.1]heptan

64   Bicyclo[2.2.2]octa-2,5,7-trien

65   4-Ethinyl-1-cyclohexyl-3-neopentyl-bicyclo[2.2.2]oct-2-en

66   9,9-Dimethyl-bicyclo[4.2.1]nona-2,4-dien

67   7-Propenyl-bicyclo[4.3.1]decan

68   Tricyclo[2.2.1.0^{2,6}]heptan

69   Tricyclo[2.2.2.0^{2,6}]octan

70   Tricyclo[3.2.1.0^{1,3}]octan

71   Tricyclo[3.3.1.0^{2,7}]non-3-en

72   Tricyclo[3.3.1.1^{3,7}]decan

73   2-(*sec*.Butyliden)-tricyclo[4.4.0.0^{3,8}]decan

74   2-(2-Ethylcyclopropyl)-6-methyl-3,3,5,5-tetraethyl-
      bicyclo[2.2.0]hexan

75   1,2-Dipentyl-3-neopentyl-5-isopentyl-benzol

76   1-Butyl-2-isobutyl-3-*tert*.butyl-4-*sec*.butyl-benzol

77   2,4,6-Trimethyl-4-benzyl-heptan

78   2-*tert*.Pentyl-1,4-decamethylenbenzol

79   1,3-(4-nonenylen)-benzol

80   (3-Vinyl-cyclohexyliden)-methyl-benzol

81   2-Methyl-3-phenyl-4-(4-ethylphenyl)-1,3,5,7-undecatetraen

82   1-Mesityl-2-(2,4-xylyl)-3-(3,5-xylyl)-butan

83   1-{1-Bicyclo[2.2.1]hept-2-enyl}-3-[(4-isopropyl-phenyl)-
      methylen]-2,4,5-trimethyl-1,4-hexadien

84   2-Benzylstilben

85   1-(*p*.Tolyl)-3-benzyliden-cyclopenten

86   1-Methylen-4a-methyl-7-isopropyliden-perhydronaphthalin

3. Heterocyclische Systeme

108   2,3,6-Triazabicyclo[3.1.0]hexa-3,6-dien

109   2-Oxa-1,5,6-triazabicyclo[2.1.1]hexan

110   2,4-Diazabicyclo[3.2.0]hept-2-en

111   3-(2,4-Dimethylhexyl)-1-azabicyclo[4.2.0]octan

112   2-(2-Ethyl-4-cyclopentyl-butyl)-7-oxabicyclo[2.2.1]hept-2-en

113   5,5-Dimethyl-2,3-dithia-1,7-diazabicyclo[2.2.1]heptan

114   6,7,8-Trioxabicyclo[3.2.1]octan

115   8-Methyl-8-azabicyclo[3.2.1]oct-2-en

116   2-Oxa-3-thia-1-azabicyclo[2.2.2]octan

117   9,9-Dimethyl-3-azabicyclo[3.3.1]nonan

118   1-Methyl-3-oxatricyclo[4.1.0.0^{2,4}]heptan

119   1,3,5,7-Tetraazatricyclo[3.3.1.1^{3,7}]decan

120   2-Isohexylthiophen

121   3-(2-Thenyl)-benz[b]thiophen

122   4,4'-Diethyl-3,3'-dimethyl-bi-2,2'-thienyl

123   3-(4-Fluorenyl)-dibenzo[b,d]thiophen

124   2-Anthracenyl-thianthren

125   2-*sec*.Butylfuran

126   2-(3-Thienyl)-furan

127   2-(2-Indenyl)-benzofuran

128   5-(3-Furyl)-isobenzofuran

129   4-Benzyliden-4*H*-pyran

130   1-(2*H*-Pyranyl-4)-3*H*-xanthen

131   4-Ethyl-2,3-dimethyl-pyrrol

132   2,5-Dimethyl-3-*tert*.pentyl-pyrrol

133   3-Benzyliden-3*H*-pyrrol

134   2-Benzhydryl-pyrrol

135   1-Vinyl-2-styryl-5-methyl-pyrrol

136   2-(5-Ethyl-2-pyrrolylmethylen)-5-ethyl-2*H*-pyrrol

137   2-(5-Ethyl-4-methyl-2-pyrrolyl)-imidazol

138   4-Ethyliden-2-cyclopropyl-4*H*-imidazol

139   1,1'-Diethyl-2,2'-biimidazolyl

140   1-Cinnamyl-pyrazol

141   2-(5-Methyl-3-pyridyl)-pyrazin

142   2-(5-Methyl-2-thienyl)-5-(*m*-tolyl)-pyridin

143   5-*tert*.Butyl-2-(4-allyl-2-imidazolyl)-pyrimidin

144   6-(1-Butyl-3-pyrazolyl)-3-isopropyl-pyridazin

145   2-(7-Methyl-2-indenyl)-3,3a-dihydroisoindol

146   1-Benzyl-3-[2-(4-pyridyl)-ethyl]-indol

147   2-Ethinyl-7-isopropyliden-7*H*-indol

148   2-(1-Vinyl-2-indolyl)-indolizin

149   1-(3,4-Dimethyl-cyclopenta-2,4-dienyl)-indazol

150   2-Benzyl-8-(2-tetrahydropyranyl)-purin

151   7,9-Dibenzyl-8,9-dihydropurin

152   2-Mesityl-1,2,3,4-tetrahydrochinolin

153   4-(1-Naphthylmethyl)-chinolin

154   4-[3-(2,4,8-Trimethyl-3,5-nonadienyl)-4-pyridyl]-chinolin

155   2-(2-Thenyl)-1,2,3,4,4a,8a-hexahydro-isochinolin

156   9a-Ethyl-3-(3-pentenyl)-9a*H*-chinolizin

157   4-{1,4-Diazabicyclo[2.2.2]oct-2-yl-methyl}-chinolin

158   2-Isobutyl-6-neopentyl-chinazolin

159   6-Vinyl-1-(5-*sec*-butyl-3-pyrrolyl)-phthalazin

160   2,3-Di-(*o*-tolyl)-chinoxalin

161   2-Indenyliden-1,2,3,4-tetrahydrochinoxalin

162   3-(5-Benzyl-2-imidazolyl)-1,5-naphthyridin

163   3-Cinnamyl-5,6,7-trimethyl-8-propyl-cinnolin

164   2-(9-Phenanthryl-methyl)-pteridin

165   9-(3*H*-Fluoren-9-yl)-3-propyl-carbazol

166   3-(4-Phenyl-butyliden)-3*H*-carbazol

167   4-[2-(2-Ethylcyclopentyl)-ethyl]-phenanthridin

168   2-(2-Imidazolyl)-6-(2-thienyl)-acridin

169   9-(2,4-Dimethyl-cyclododecyl)-acridin

170   3,5-Bis-(5-methyl-4-isopropyl-2-hexenyl)-1,10-phenanthrolin

171   2-Ethinyl-7-propinyl-phenazin

172   3-(2-Azulenyl-methyl)-10-methyl-phenothiazin

173   2-(3-Tetrahydrofuryl)-10-isopropenyl-phenoxazin

174   2-[3-(2-Thienyl)-propyl]-thiazol

175   2-(3-Butyl-5-isoxazolyl)-4-*tert*.butyl-5-*neo*pentyl-oxazol

176   10-[1-Methyl-piperidyl-(3)-methyl]-phenothiazin

177   4-(Thioxanthen-9-yliden)-piperidin

178   1-Methyl-3-(2-dithienyl-methylen)-piperidin

179   2-Methyl-3-(3-ethyl-1-piperidinyl)-pyrazin

180   4-Benzhydryl-morpholin

181   4-[(5-Vinyl-2-chinuclidyl)-methyl]-chinolin

182   2-Piperidyl-indolin

183   2-(2-Piperazinyl)-pyrazin

184   2-Methylen-3-vinyl-3-pyrrolin

185   4,4-Diethyl-imidazolidin

186   2-Benzyliden-3-imidazolin

187   1-[3-(4-Cycloheptyl-cyclohexyl)-cyclopentyl]-pyrrolidin

188   3-Isobutyl-3-isopropyl-thiaziridin

189   2-Cyclohexylmethyl-oxiran

190   3-Benzyl-oxazirin

191   2,2,4-Trimethyl-2*H*-1,3-oxazet

192   2,3-Di-(*p*-tolyl)-thiiren

193   2,4-Di-*sec*.butyl-1*H*-azetin

194   4-Isopropenyl-triazet

195   4,4-Diethyl-1,2,3-dioxazetidin

196   4-{Bicyclo[2.2.1]hept-1-yl-methyl}-1,2-oxazetidin

197   2,4-Diphenyl-1,3-diphosphet

198   2,3-Dimethyl-4-isopropyl-phospheten

199   4-Ethyl-3-methyl-1,2-oxathietan

200   3-Ethyl-4-cyclohexyl-4*H*-1,2,4-triazol

201   3-Vinyl-3*H*-1,2,3,4-dithiadiazol

202   3-Benzyl-4-phenyl-1,2,5-oxadiazol

203   4-*sec*.Butyl-5*H*-1,2-oxathiol

204   2,3,4,5-Tetramethylphosphol

205   Δ^3-1,2-Thiazolin

206   5,5-Dimethyl-1,4,2-oxathiazolidin

207   2-Cyclopropylmethyl-2-phospholen

208   2-Neopentyl-1,3-dioxol

209   2-[3-Methyl-4-(2,4-pentadienyl)-phenyl]-1,3-dioxolan

210   5-Allyl-1,2,3,6-dithiadiazin

Substituierte Systeme

1. Acyclische Systeme

274 2-(Diphenyl-methoxy)-ethyl-trimethyl-ammonium-bromid

275 Di-neodym-3-sulfonato-pyridin-carboxylat-(4)

276 (2-Diethylaminoethyl)-α,α-diallyl-phenylacetat

277 Diethyl-{2-[4-(1,1,3,3-tetramethyl-butyl)-phenoxy]-ethyl}-benzyl-ammoniumchlorid

278 Hexamethylen-bis-{dimethyl-[1-methyl-3-(2,2,6-trimethyl-cyclohexyl)-propyl]-ammoniumchlorid}

279 1,7-Dimethyl-2-oxo-bicyclo[2.2.1]-heptan-7-carbaldehyd

280 α,α'-Diethyl-stilbendiyl-(4,4')-dipropionat

281 Benzoesäure-(2-cyclohexylamino-isopropylester)

282 3-[(3-Amino-2,4,6-trijodbenzoyl)-phenylamino]propansäure

283 5-(3-Dimethylamino-2-methyl-propyl)-10,11-dihydro-5*H*-dibenzo[a,d]cycloheptatrien

284 2-(2,4,6-Trijod-phenoxy)-butansäure

285 9,9-Dimethyl-10-(3-methylamino-propyliden)-9,10-dihydro-anthracen

286 3-{4-[Bis-(2-chlorethyl)-amino]-phenyl}-2-aminopropansäure

287 2-Hydroxy-5,7-dimethoxy-9,10-dihydrophenantnren

288 Methyl-1-(3,4,5-trimethoxy-benzyl)-buten-(3)-yl-amin

289 4a,5-Dimethyl-3-isopropenyl-1,2,3,4,4a,5,6,7-octahydro-naphthalin-1-on

290 1-Amino-2-phenyl-cyclopropan

291 9,9-Dimethyl-10-[3-dimethylamino-prop-2-enyliden]-9,10-dihydro-anthracen

292 Benzyl-cyclopropyl-carbamidsäureethylester

293 1,2-Bis-(2,2,2-trichlor-1-hydroxy-ethoxy)-3-(*o*-tolyloxy)-propan

294 4-Dimethylamino-2-ethyl-2-phenyl-pentannitril

295   2,6-Bis-(4-hydroxy-3-methoxy-benzyliden)-cyclohexanon

296   4-Amino-benzoesäure-(2-diethylamino-ethylester)

297   Benzoesäure-[2-(diethylaminomethyl)-2-phenyl-butylester]

298   4-Amino-naphthoesäure-(1)-[2-diethylamino-ethylester]

299   *N*-[5-(4-Amino-phenoxy)-pentyl]-phthalimid

300   2-Hydroxy-3-methoxy-6-methyl-benzochinon-(1,4)

301   2,6-Di-*tert*.-butyl-4-methyl-phenol

302   4-Nitro-2-propyloxy-anilin

303   2-(β-Methyl-butyryl)-indandion-(1,3)

304   β-Amino-β-(3,5-dijod-4-hydroxy-phenyl)-propionsäure

305   2-Hydroxy-1,2-bis-(4-methoxy-phenyl)-ethyl-amin

306   4-Ethoxy-6-methyl-3-isopropyl-acetanilid

307   2-*tert*.Butylamino-1-(2,5-dimethoxy-phenyl)-1-propanol

308   2-(2,4,6-Trijod-3-hydroxy-benzyl)-butansäure

309   1-Amino-1-(4-trifluormethyl-phenyl)-ethan

310   3-Amino-3-(4,6-dijod-3-amino-phenyl)-propansäure

311   4-Chlor-6-amino-benzol-disulfonsäure-(1,3)-diamid

312   2-Methyl-1-phenyl-butin-(3)-diol-(1,2)

313   2-Methylamino-2-(2-chlorphenyl)-cyclohexanon

314   1-Formylamino-1-phenyl-cyclohexan

315   5-Oxo-4-phenyl-4-(2-chlorbenzyl)-hexansäure

316   (3,3-Diphenyl-propyl)-diisopropylamin

317   3-Dimethylamino-1,2-dimethyl-1-(4-chlorbenzyl)-propanol

318   Dimethyl-(2,3,3-trimethyl-bicyclo[2.2.1]hept-2-yl)-amin

319   6-Dimethylamino-4,4-diphenyl-3-hexanon

320   5-Brom-2-acetoxy-benzoesäure

321 4,6-Dibrom-2-(*N*-cyclohexyl-*N*-methyl-amino-methyl)-anilin

322 4-Methoxy-phenoxy-*N*-(2-diethylamino-ethyl)-essigsäureamid

323 3-Methoxy-4-(2,3-dihydroxy-propyloxy)-propiophenon

324 3-Hydroxy-3,3-diphenyl-*N'*-acetyl-propionsäure-hydrazid

325 1-Methyl-2-(*β*-phenyl-isopropyl)-hydrazin

326 2-Oxo-1-(2-hexamethylenimino-ethyl)-cyclohexan-
carbonsäure-(1)-benzylester

327 *N,N,N',N'*-Tetraethyl-bicyclo[2.2.1]hept-2-en-2,3-
dicarboxamid

328 2-(2,2,2-Trichlor-ethylidenamino)-1-phenyl-propan

329 4-Dimethylamino-2-ethyl-2-phenyl-hexannitril

330 2,2,3-Trimethyl-3-[1-(*p*-tolyl)-ethoxy-carbonyl]-
cyclopentan-carbonsäure-(1)

331 4-Ethoxy-(3-hydroxy-butansäure)-anilid

332 1-Methylamino-2-(3-hydroxy-phenyl)-ethanol

333 6-Methoxy-5-ethyl-2,3-diformyl-benzoesäure

334 3-Amino-4-butyloxy-benzoesäure-(2-diethyl-aminoethoxy-
ethylester)

335 1-Hydroxymethyl-cyclohexan-1-essigsäure

336 Methyl-bis-(2-cyclohexyl-ethyl)-amin

337 2-Amino-*N*-(1,2,3,4-tetrahydro-2-naphthyl)-propionamid

338 *N*-[2-(*N*-Methyl-*N*-phenylethyl-amino)-propyl]-propionanilid

339 3,4-Dihydroxy-*α*-isopropylaminomethyl-benzylalkohol

340 4-(Fluorenyliden-methyl)-benzamidin

341 1,1-Dichlor-2-(2-chlorphenyl)-2-(4-chlorphenyl)-ethan

342 3,4-Methylendioxy-zimtsäure-(2-diethylaminoethylester)

343 *N*-(4-Hydroxy-3-methoxybenzyl)-8-methyl-6-nonenamid

20

344 2,6-Dihydroxy-4-methoxy-5-[(2,4-dihydroxy-6-oxo-
3,3-dimethyl-5-butyryl-1,4-cyclohexadienyl)-methyl]-
butyrophenon

345 2-Methoxy-4-(1,2-epoxy-ethyl)-3-(1,2-epoxy-1,5-dimethyl-
4-hexenyl)-cyclohexanol

346 3,5-Dijod-4-(3,5-dijod-4-hydroxy-phenoxy)-α-amino-
β-phenyl-propiónsäure

347 2,4-Diamino-azobenzol-sulfonsäure-(4')-amid

348 4-[(3,5-Dibrom-2-hydroxyphenyl)-azo]-6-hexyl-1,3-dihydroxy-
benzol

349 1-Hydroxy-7-oxo-α,4a,8-trimethyl-1,2,3,4,4a,7-hexahydro-
naphthalin-2-essigsäure-γ-lacton

350 5,6-Dimethoxy-2-[6-methoxy-4,5-methylendioxy-2-
(2-dimethyl-amino-ethyl)-phenyl-acetyl]-benzoesäure

351 3,5-Dihydroxy-1,4-bis-(3,4-dihydroxy-cinnamoyl-oxy)-
cyclohexan-carbonsäure-(1)

352 β-[Phenyl-(2,4,6-trijod-3-amino-benzoyl)-amino]-
propionsäure

353 8-Methoxy-3,4-methylendioxy-10-nitrophenanthren-1-
carbonsäure

354 4-Nitro-benzylidenaceton-thiosemicarbazon

355 1-Methyl-5-isopropyl-bicyclo[3.2.1]oct-6-en-6,7,8-
tricarbaldehyd

356 4,7-Dimethyl-4,7-diaza-decamethylen-bis-(3,4,5-trimethoxy-
benzoat)

357 4-Methylen-3-{2-[1-(1,4,5-trimethyl-2-hexenyl)-7a-methyl-
perhydro-4-indenyliden]-ethyliden}-cyclohexanol

358 N-[2-Hydroxy-1-hydroxymethyl-2-(4-nitrophenyl)-ethyl]-
dichloressigsäureamid

3. Heterocyclische Systeme

377   3-Methyl-5-phenyl-pyrazol

378   5-Oxo-2,3-dimethyl-1-phenyl-3-pyrazolin

379   5-Oxo-2,3-dimethyl-1-phenyl-3-pyrazolin-4-carbaldehyd

380   3,5-Dioxo-1,4-diphenyl-pyrazolidin

381   5-(2-Ethoxycarbonyl-1,2-dihydroxyethyl)-1-phenyl-
3-pyrazolcarbonsäure-ethylester

382   2-(4-*tert*.Butyl-2,6-dimethylbenzyl)-2-imidazolin

383   2-Hydroxy-4-(2-phenanthryl)-4-methyl-2-imidazolin-5-on

384   Imidazol-4,5-dicarboxamid

385   Ethyl-1-(1-phenylethyl)-imidazol-5-carboxylat

386   1-(3-Chlorphenyl)-3-(2-dimethylaminoethyl)-
imidazolidin-2-on

387   2-[N-(3-Hydroxyphenyl)-*p*-toluidino-methyl]-2-imidazolin

388   4-Oxo-5,5-diphenyl-imidazolidin

389   2-Imino-5-phenyl-oxazolidin

390   5-(2-Methoxy-phenoxymethyl)-1,3-oxazolidinon-2

391   2,4-Dioxo-5,5-dimethyl-3-ethyl-oxazolidin

392   5-(3,5-Dimethyl-phenoxymethyl)-2-oxazolidinon

393   3,5-Dimethyl-isoxazol-4-carbonsäure-diethylamid

394   4-Methyl-5-(2-chlorethyl)-1,3-thiazol

395   4-Hydroxymethyl-2-(1,2-dijodethyl)-1,3-dioxolan

396   5-Oxo-4,4-bis-(2-carboxy-phenoxy-carbonyl-methyl)-
1,3-dioxolan

397   2-(2-Hydroxy-phenyl)-1,3,4-oxadiazol

398   5-Acetamino-1,3,4-thiadiazol-2-sulfonsäureamid

399   5-(2-Diethylamino-ethyl)-3-(1-phenyl-propyl)-
1,2,4-oxadiazol

400 4-Chlor-*N*-[5-butyl-1,3,4-thiadiazolyl-(2)]-benzolsulfonamid

401 3-(2-Aminobutyl)-indol

402 5-Chlor-2-hydroxy-benzoxazol

403 5-(2-Methylamino-ethyl)-1,3-benzodioxol

404 4-Hydroxy-2-oxo-1,3-benzoxathiol

405 3,3-Bis-(4-hydroxy-phenyl)-3*H*-2,1-benzoxathiol-1,1-dioxid

406 N^1-Phenyl-1,2,3,4-tetrahydrocarbazol-6-amidin

407 9-Carbazolcarbonsäure-(2-diethylamino-ethylester)

408 5-Jod-2-oxo-1,2-dihydro-pyridyl-(1)-essigsäure

409 3-Acetyl-6-methyl-3,4-dihydro-2*H*-pyran-2,4-dion

410 3-Piperidino-1-phenyl-1-(bicyclo[2.2.1]hept-5-en-2-yl)-propanol

411 2,6-Dioxo-4,4-dimethyl-piperidin

412 1-Methyl-1,2,5,6-tetrahydro-3-pyridincarbonsäure-methylester

413 3-Hydroxy-2-methyl-4,5-bis-hydroxymethyl-pyridin

414 Diphenyl-4-piperidinyl-methanol

415 1-Methyl-3-allyl-4-propionyloxy-4-phenyl-piperidin

416 2-(Piperidino-methyl)-1-cyclohexanon

417 1-(3-Hydroxy-5-methyl-4-phenyl-hexyl)-piperidin

418 3,5-Dijod-4-oxo-1,4-dihydro-1-pyridyl-ethansäure

419 2-[Bis-(4-acetoxy-phenyl)-methyl]pyridin

420 4-Chlor-*N*-(2,6-dimethyl-piperidino)-3-sulfamoyl-benzamid

421 α-[6-(2-Hydroxy-2-phenyl-ethyl)-1-methyl-2-piperidinyl]-acetophenon

422 2-{[4-Chlorbenzyl]-[2-(dimethylamino)-ethyl]-amino}-pyridin

24

423	2-Benzhydryl-1-(2-hydroxy-ethyl)-piperidin
424	Butyl-3-phenyl-3-piperidino-propanoat
425	Methyl-2-(2-piperidyl)-2-phenyl-ethanoat
426	1-Methyl-4-phenyl-4-ethoxycarbonyl-piperidin
427	2,4-Dioxo-6-methyl-3,3-diethyl-piperidin
428	Piperazin-1-dithiocarbonsäure
429	4-(3,4,5-Trimethoxybenzoyl)-morpholin
430	6-Hydroxy-2-mercapto-4-methyl-pyrimidin
431	2,6-Diamino-5-(3,4-dimethoxy-benzyl)-pyrimidin
432	5-Ethyl-6-phenyl-tetrahydro-1,3-thiazin-2,4-dion
433	6-Hydrazino-pyridazin-3-carboxamid
434	2-{2-[4-(4-Chlorphenyl-phenyl-methyl)-piperazinyl]-ethoxy}-ethanol
435	2,6-Dioxo-1,2,3,6-tetrahydro-pyrimidin-4-carbonsäure
436	2-Hydroxy-3-isobutyl-6-*sec*.butyl-pyrazin-1-oxid
437	1-(4-Fluorphenyl)-4-[4-(2-methoxy-phenyl)-piperazinyl]-butanol
438	1,4-Bis-{2-[2-(1-naphthyl)-propionyloxy]ethyl}-piperazin
439	4-[*N*-(4-Amino-2-methyl-pyrimidin-5-yl-methyl)-formylamino]-3-acetylmercapto-pent-3-enyl-acetat
440	3,5-Dioxo-2-ethyl-2-phenyl-perhydro-1,4-thiazin
441	4,6-Dioxo-5-ethyl-5-phenyl-hexahydropyrimidin
442	5,5-Diethyl-2-hydroxy-4,6-dioxo-3,4,5,6-tetrahydro-pyrimidin
443	5,5-Dibromhexahydropyrimidin-2,4,6-trion
444	2,4-Dioxo-5,5-diethyl-tetrahydro-2*H*-1,3-oxazin
445	5-Allyl-5-ethyl-2-hydroxy-3,4,5,6-tetrahydro-pyrimidin

446 4-Oxo-3-methyl-2-(4-chlorphenyl)-tetrahydro-4*H*-
1,3-thiazin-1-dioxid

447 4,6-Diamino-2,2-dimethyl-1-(4-chlor-phenyl)-1,2-dihydro-
1,3,5-triazin

448 1,3-Dichlor-2,4,6-trioxo-hexahydro-1,3,5-triazin

449 3,5-Dibenzyl-2-thioxo-tetrahydro-1,3,5-thiadiazin

450 9-Amino-1,2,3,4-tetrahydro-acridin

451 2-(4-Hydroxy-3-carboxy-phenyl)-chinolin-4-carbonsäure

452 8-Ethoxy-4-benzoyl-amino-chinolin

453 Allyl-2-phenyl-chinolin-4-carboxylat

454 8-Hydroxy-6,7-dimethoxy-1,2-dimethyl-1,2,3,4-tetrahydro-
isochinolin

455 8-(4-Diethylamino-1-methylbutyl-amino)-6-methoxy-chinolin

456 6,7-Diethoxy-1-(3,4-diethoxy-benzyliden)-1,2,3,4-tetra-
hydro-isochinolin

457 1-[(3,4-Methylendioxy)-phenyl]-3-methyl-6,7-methylendioxy-
isochinolin

458 *N*-(7-Methoxy-3-methyl-4-oxo-2-phenyl-4*H*-chromen-8-yl)-
methyl-*N*,*N*-dimethylamin

459 2-Amino-3-chlor-9-(4-diethylamino-1-methyl-butylamino)-
7-methoxy-acridin

460 10,11-Dihydroxy-6-methyl-5,6,6a,7-tetrahydro-4*H*-dibenzo
[de, g]chinolin

461 3-(1-Hydroxy-6,6,9-trimethyl-6a,7,10,10a-tetrahydro-6*H*-
dibenzo[b,d]pyran-3-yl)-propansäuredimethylamid

462 9,10-Dimethoxy-2-acetoxy-3-diethylcarbamoyl-1,2,3,4,6,7-
hexahydro-benzo[a]chinolizin

463 1-[1,4-Benzodioxanyl-(2)-methyl]-guanidin

464 4-Oxo-2-methyl-3-(2-chlorphenyl)-3,4-dihydro-chinazolin

26

465	2,4-Dioxo-2,3-dihydro-1,3-benzoxazin
466	3-Methylmercapto-10-(3-dimethylamino-2-methyl-propyl)-phenothiazin
467	10-[3-(4-Hydroxypiperidino)-propyl]-2-cyano-phenothiazin
468	7-Chlor-3-methyl-2*H*-1,2,4-benzothiadiazin-1,1,-dioxid
469	1-Methyl-4-phenyl-4-ethoxycarbonyl-perhydroazepin
470	1-Methyl-4-(4-chlor-benzhydryl)-hexahydro-1*H*-1,4-diazepin
471	7-Chlor-2-methylamino-5-phenyl-3*H*-1,4-benzo-diazepin-4-oxid
472	7-Chlor-2-hydroxy-3-oxo-5-phenyl-1,2-dihydro-3*H*-1,4-benzo-diazepin
473	5-(2-Dimethylamino-ethyl)-2-phenyl-2,3-dihydro-5*H*-1,5-benzo-thiazepinon-4
474	3-Sulfanilyl-3-aza-bicyclo[3.2.2]nonan
475	2,2-Diphenyl-propansäure-[chinuclidyl-(3)-ester]
476	1-Hydroxy-8,12-dioxo-1,7-diaza-cyclododecan
477	6-Chlor-2,4-bis-(1-aziridinyl)-pyrimidin
478	2,6-Bis-(2-thenyliden)-cyclohexanon
479	Bis-(3-hydroxy-4-hydroxymethyl-2-methyl-pyridyl-5-methyl)-disulfid
480	1-Methyl-5-[pyridyl-(3)]-pyrrolidin-2-on
481	3-[4-Methoxy-2-oxo-2*H*-pyranyl-(6)]-pyridin
482	4-[*N*-(Thenyl-2)-anilino]-1-methyl-piperidin
483	*N*-(2,6-Dioxo-3-piperidyl)-phthalimid
484	5-Morpholino-4-methyl-2,2-diphenyl-pentansäurepyrrolidid
485	1′-(3-Cyano-3,3-diphenylpropyl)-1,4′-bipiperidinyl)-4′-carboxamid

486 4-Ethoxycarbonyl-3,3',4',5,5'-pentamethyl-2,2'-
dipyrrylmethen

487 4'-Fluor-4-{4-[2-oxo-2,3-dihydro-benzimidazolyl-(1)]-
1,2,5,6-tetrahydro-pyridinyl-(1)}-butyrophenon

488 3-(5-Nitro-furfurylidenamino)-5-methylmercapto-methyl-
oxazolidin-2-on

489 *N*-[4-Amino-2-methyl-pyrimidinyl-(5)-methyl]-*N*-[4-hydroxy-
2-(tetrahydrofur-2-yl-dithio)-1-methyl-buten-(1)-yl]-
amino-formaldehyd

490 *N,N*,1-Trimethyl-3,3-di-(2-thienyl)-allylamin

491 *N,N*-Dimethyl-*N'*-[5-chlor-thenyl-(2)]-*N'*-[pyridyl-(2)]-
ethylen-diamin

492 5,6-Methylendioxy-3-{2-[4-(2-methoxy-phenyl)-piperazinyl-1]-
ethyl}-indol

493 6-Methoxy-4-{hydroxy-[5-vinyl-1-azabicyclo[2.2.2]octyl-(2)]-
methyl}-chinolin

494 4,7-Epoxy-1,3-dioxo-3a,7a-dimethyl-perhydro-isobenzofuran

495 3-Trifluormethyl-10-{3-[4-(2-hydroxy-ethyl)-piperazinyl-
(1)]-propyl}-phenothiazin

496 3-Morpholino-4-oxo-3,4-dihydro-1,2,3-benzo[e]triazin

497 4-Oxo-7-methyl-1-ethyl-1,4-dihydro-1,8-naphthyridin

498 6-Benzylamino-2-methyl-7*H*-pyrrolo[2,3:d]-pyrimidin

499 5-[2-Oxo-hexahydro-thieno[3,4:d]imidazolyl-(4)-pentansäure

500 9,10-Dimethoxy-2-[(6,7-dimethoxy-1,2,3,4-tetrahydro-1-
isochinolyl)-methyl]-3-ethyl-1,3,4,6,7,11b-hexahydro-2*H*-
benzo[a]chinolizin

501 2-Amino-6-[4-nitro-1-methyl-imidazolyl-(5)-mercapto]-purin

502 8-[4-(4-Fluorphenyl)-3-pentenyl]-1-phenyl-1,3,8-triaza-
spiro[4.5]decan

503   3-Hydroxy-10-[5-dimethylamino-3-hydroxy-6-methyl-tetrahydro-pyranyl-(2)-oxy]-3,7,9,11-tetramethyl-2-ethyl-1-oxa-4-cyclododecen-dion-(6,12)

504   15-[3'-Hydroxy-4'-amino-5'-(1-hydroxyethyl)-perhydrofuryl-2'-oxy]-9,10-epoxy-8,13-dihydroxy-8-(1,2-dihydroxyethyl)-25-methyl-2,11-dioxo-oxacyclopentocosa-3,16,18,20,22-pentaen-12-carbonsäure

505   3-Methoxy-2-[2-methyl-3-pentyl-pyrrolyl-(5)-methylen]-5-pyrrolyl-(2)-2*H*-pyrrol

506   7,11-Diaza-tricyclo[7.3.1.0^{2,7}]tridec-2,4-dien-6-on

507   10-Acetoxy-8-methyl-2-oxa-tricyclo[7.2.1.0^{3,8}]dodec-4-en-12-spiro-2'-oxiran

4. Stereochemische Nomenklatur

508   *cis*-1,4-Dimethylcyclohexan

509   *trans*-1,4-Cyclohexandicarbonsäure

510   (*E*)-1,1'-Biindenyliden

511   (*Z*)-1,2-Dibrom-1-chlor-2-jod-ethen

512   (*Z*)-Azobenzol

513   (*E*)-1-*sec*.Butylideninden

514   (*E*)-(3-Brom-3-chlorallyl)-benzol

515   (*Z*)-2-Methyl-2-butensäure

516   (*E*)-Cycloocten

517   (*E*)-2-Aminobutensäureethylester

518   (*Z*)-2-Methoxy-3,4-dimethyl-5-(2-pyrrolylmethylen)-5*H*-pyrrol

519   (*E*)-5-[5-Methylen-(5*H*-pyrrolyl-2-methylen)]-3-pyrrolin-2-on

520	(2*E*,4*Z*)-5-Chlor-2,4-hexadiensäure
521	(*R*)-2,3-Dihydroxypropanal
522	(*R*)-2-Mercaptopropansäure
523	(*S*)-2-mercaptopropan-1-ol
524	(*R*)-3-Methoxy-1-buten
525	(*S*)-Butan-1,2-diol
526	(*S*)-3-amino-2-methylbutan-2-ol
527	(*R*)-But-3-in-2-ol
528	(*R*)-3-Methylpentanal
529	(*R*)-3-Amino-3-phenylpropionsäure
530	(*R*)-1-Isopropenyl-2,4-dimethylcyclohexen
531	(*S*)-6-Dimethylamino-4,4-diphenylheptan-3-on
532	(*S*)-1-Methyl-1-(1-ethoxyethyl)-cyclopropan
533	(*R*)-2-Amino-1-(3,4-dimethoxyphenyl)-propan
534	(*R*)-2,2-Diphenyl-3-ethylindan-1-on
535	(*R*)-2-Methyl-2-phenylaziridin
536	(*R*)-2-(3-Oxo-propyl)-piperidin
537	(*S*)-2-Acetonylpiperidin
538	(*S*)-3-Aminopyrrolidin-3-carbonsäure
539	(*S*)-4-Methylthiet-1,1-dioxid
540	(*R*)-2-Hydroxy-2-(2-thienyl)-essigsäure
541	(*S*)-4-methylazetidin-2-on
542	(*R*)-2-Methyl-thiiran
543	(*S*)-1,2-Epoxybutan
544	(*S*)-2-Methyltetrahydrofuran
545	(*R*)-4-Hydroxy-2-pyrrolidon

546   (*S*)-5-Jodmethyl-2-pyrrolidon

547   (*S*)-3-Hydroxymethyl-1,2,3,4-tetrahydroisochinolin

548   (2*S*,3*S*)-Butan-2,3-diol

549   (2*S*,3*R*)-2-Amino-3-hydroxybutansäure

550   (4*R*,8*R*)-Methyl-4,8,12-trimethyltridecanoat

551   (1*S*,2*S*)-2-Methoxymethyl-3-oxocyclopent-4-en-1-yl-
ethansäure

552   (1*S*,3*S*)-2,2-Dichlorcyclopentan-1,3-diol

553   (1*R*,4*R*)-Bicyclo[2.2.2]oct-5-en-2-on

554   (1*R*,4*S*)-2-Methylen-5,6-benzobicyclo[2.2.2]-octan

555   (1*R*,4*S*)-2-Oxo-bicyclo[2.2.1]heptan

556   (1*S*,6*S*)-Bicyclo[4.3.0]nonan-8-on

557   (1*R*,2*R*)-3-Methylencyclopropan-1,2-dicarbonsäure

558   (9*R*,10*R*)-9,10-Dihydroxy-9,10-dihydro-phenanthren

559   (4*R*,5*R*)-4,5-Dihydroxy-cyclohexen-1-carbonsäure

560   (4*S*,5*S*)-4,5-Dimethoxycycloheptanon

561   (1*S*,2*S*)-2-Amino-cyclohexanol

562   (2*S*,3*S*)-3-Methyl-2-phenylthiiran

563   (2*S*,4*R*)-4-Hydroxy-piperidin-2-carbonsäure

564   (2*S*,3*R*)-2,3-Epoxy-phenylpropionsäure

565   (4a*R*,8a*R*)-Decahydrochinazolin

566   (3*R*,6*R*)-3-Acetoxy-6-hydroxy-8-methyl-8-aza-
bicyclo[3.2.1]octan

567   (1*S*,4*S*)-2-Thia-5-azabicyclo[2.2.1]heptan

568   (1*R*,2*S*)-1-azabicyclo[3.1.0]hexan

569   (2*S*,3*S*,4*R*)-2,3,4-trihydroxycyclohexanon

570   (1*R*,2*R*,4*R*)-Bicyclo[2.2.2]oct-5-en-2-ol

571   (2*S*,4a*R*,8a*R*)-2-Brom-decahydronaphthalin-1-on

572   (2*S*,3*R*,4*R*,5*R*)-2,3,4,5,6-Pentahydroxy-hexanal

573   (1*R*,2*R*,3*S*,5*S*)-2,7,7-Trimethyl-bicyclo[3.1.1]heptan-3-ol

574   (2*S*,3*R*,4*S*,5*S*,6*R*)-2-Methoxy-6-hydroxymethyl-3,4,5-trihydroxy-tetrahydropyran

Formeln

Stammsysteme und davon abgeleitete Radikale

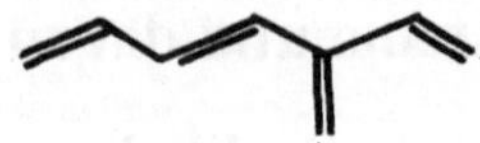

7

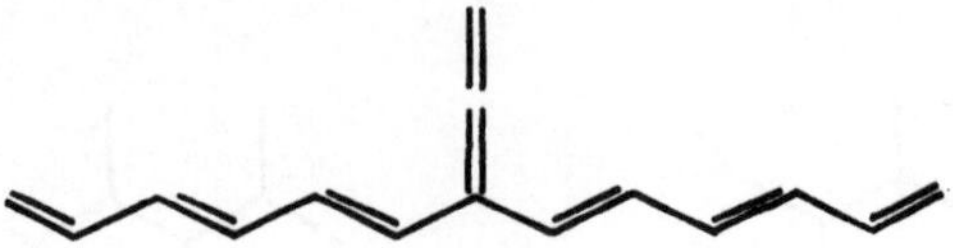

8

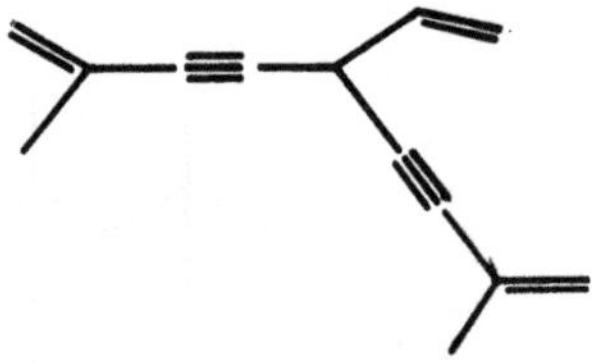

9

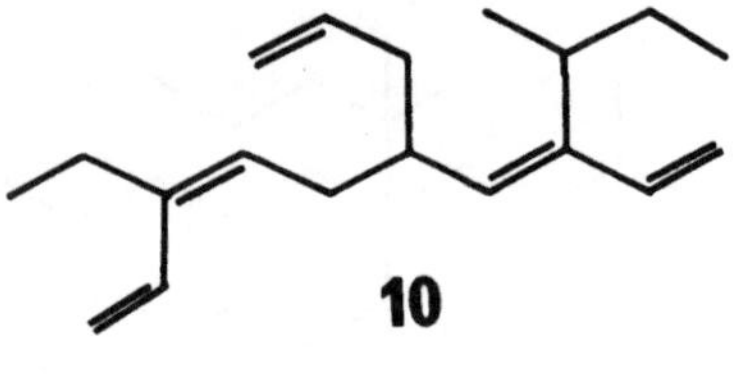

10

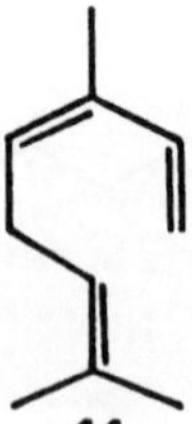

11

12

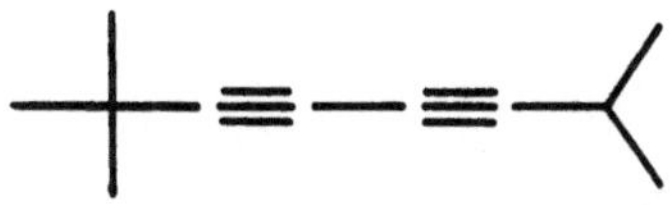

13

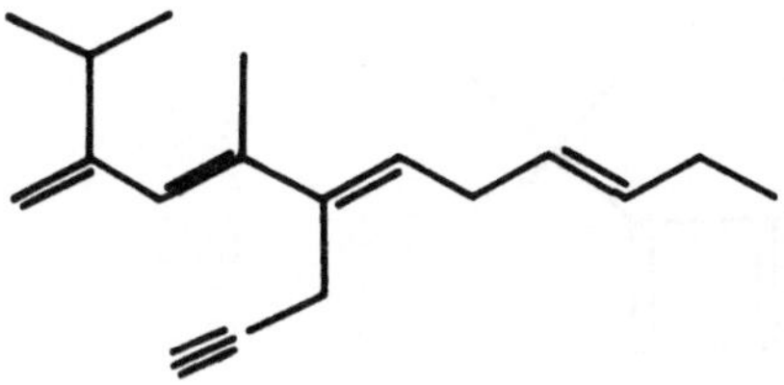

14

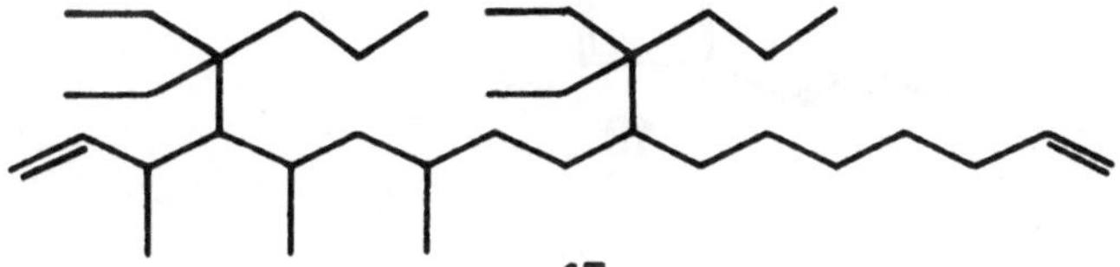

15

16

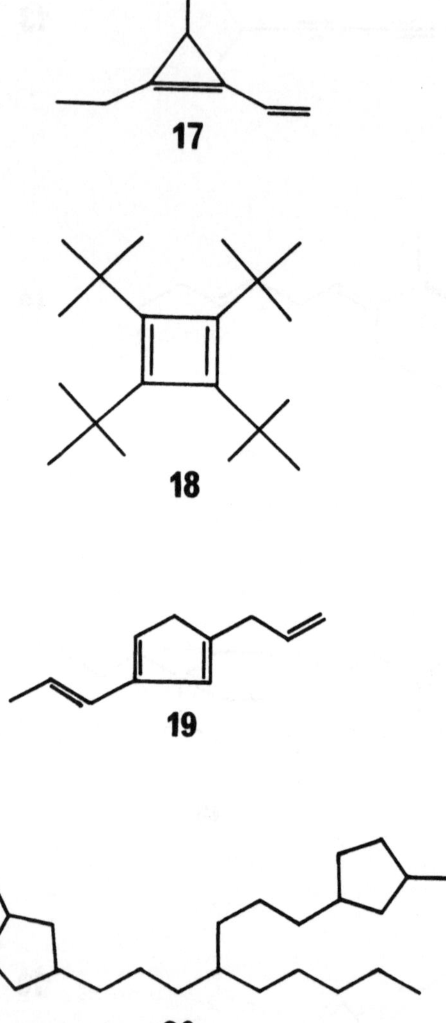

17

18

19

20

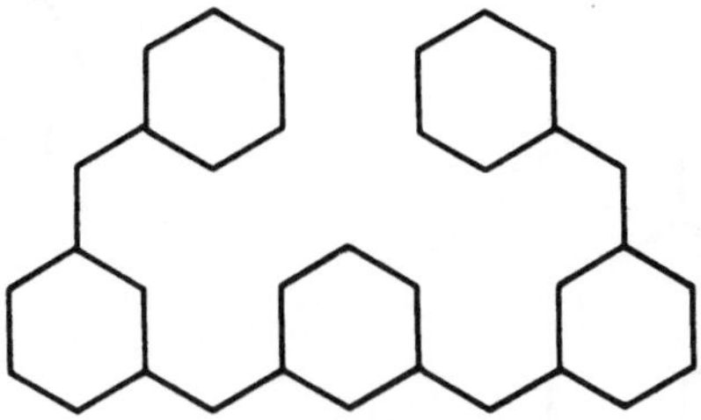

21

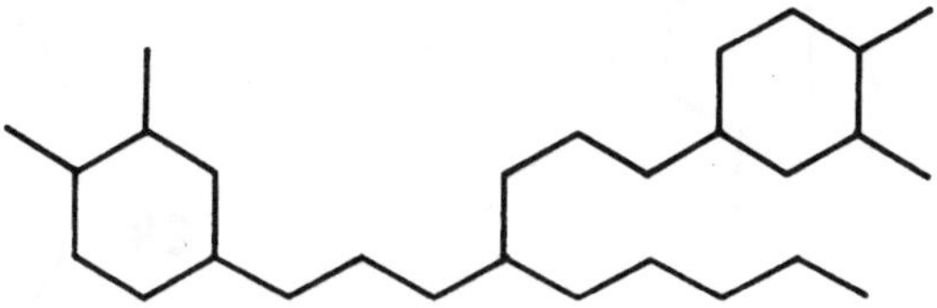

22

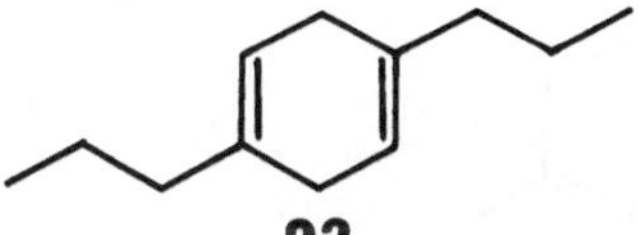

23

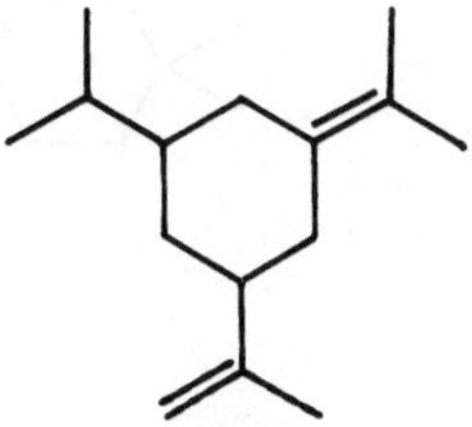

24

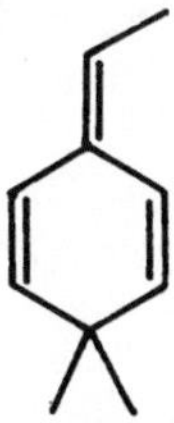

25

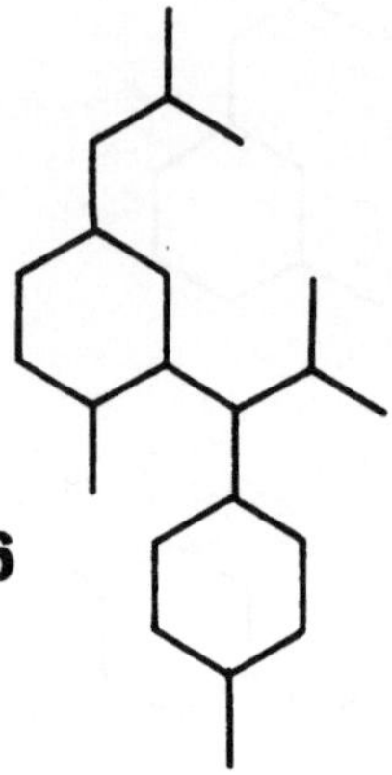

40

26

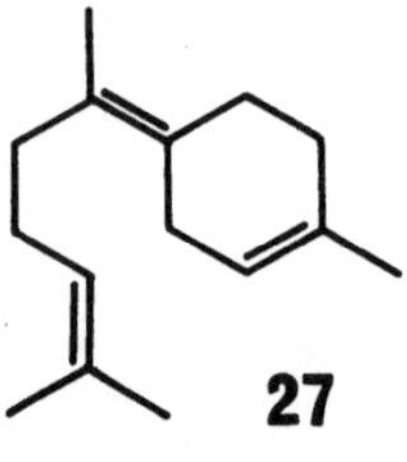

27

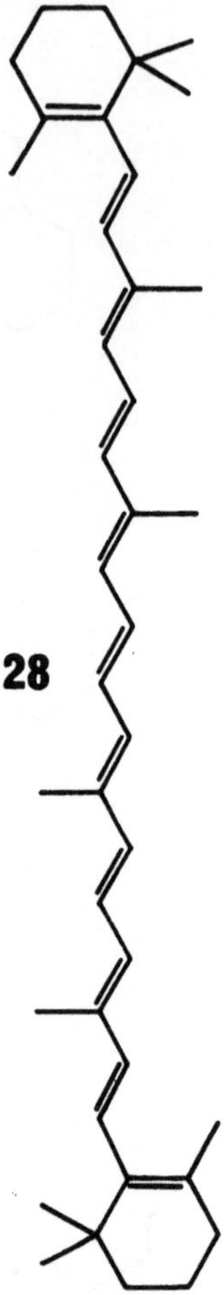

28

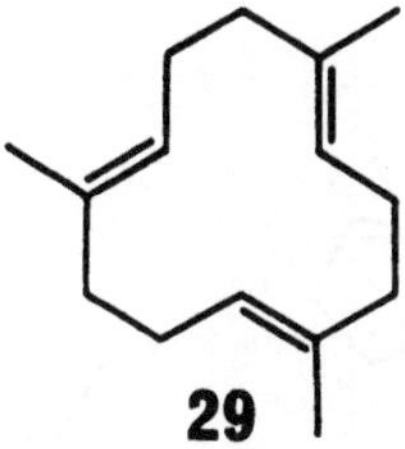

29

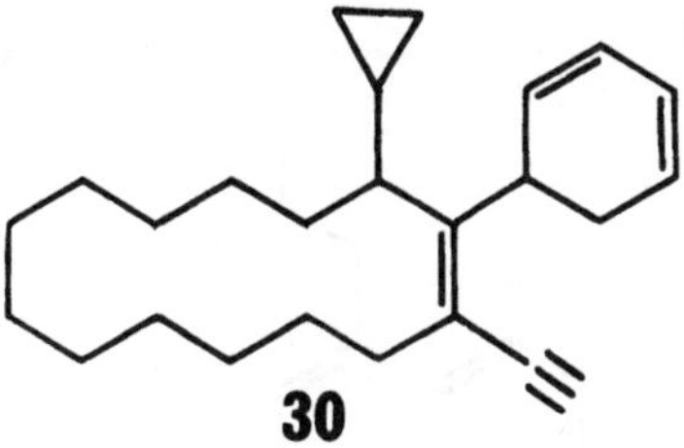

30

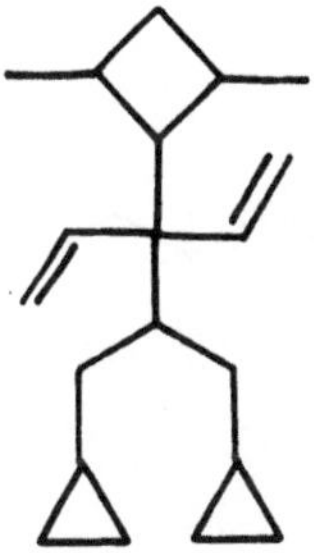

31

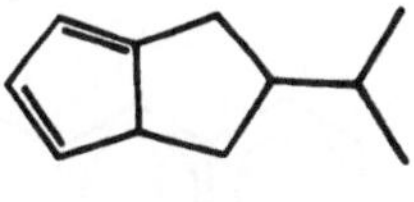

32

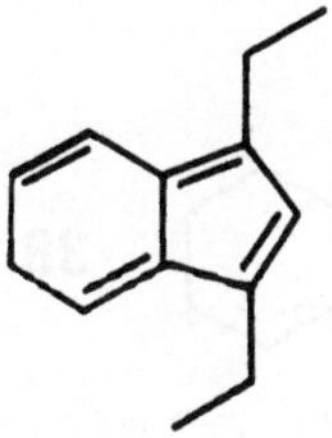

33

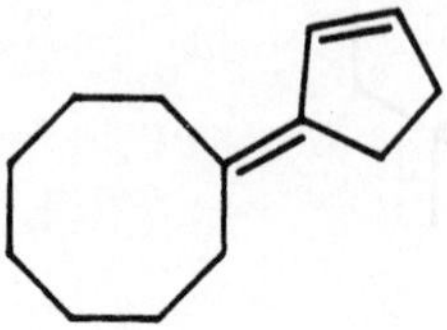

42

34

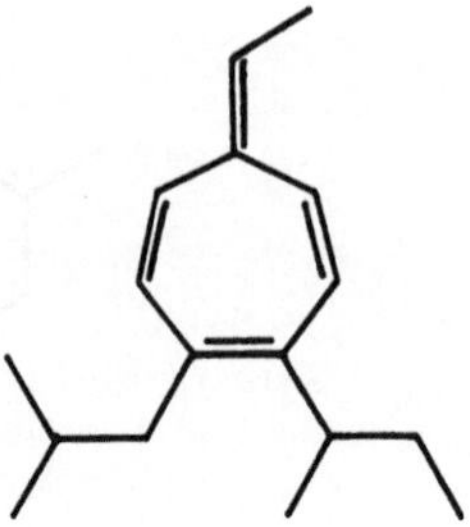

35

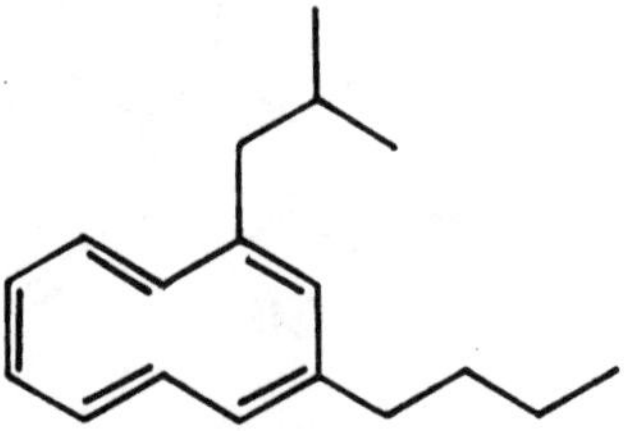

36

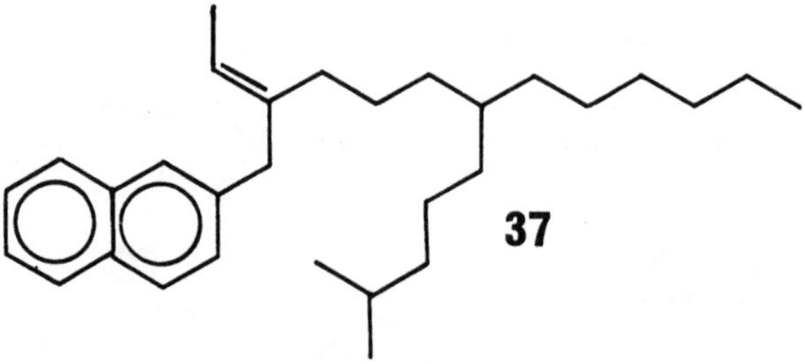

37

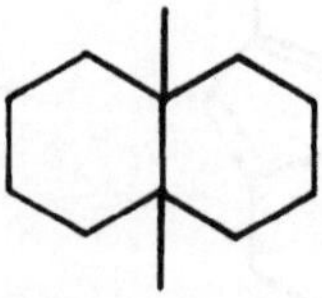

38

39

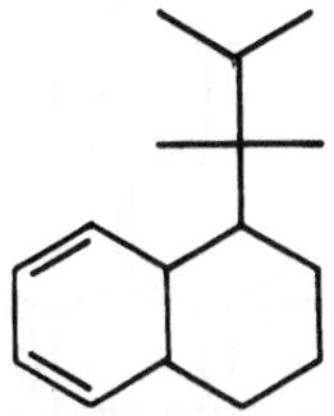

40

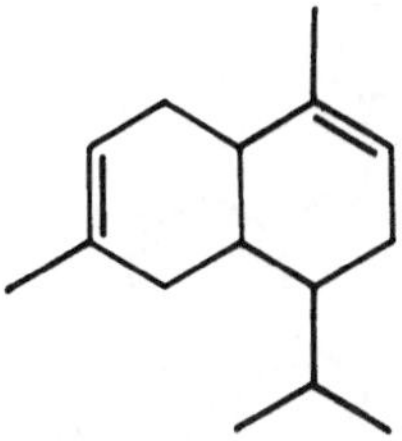

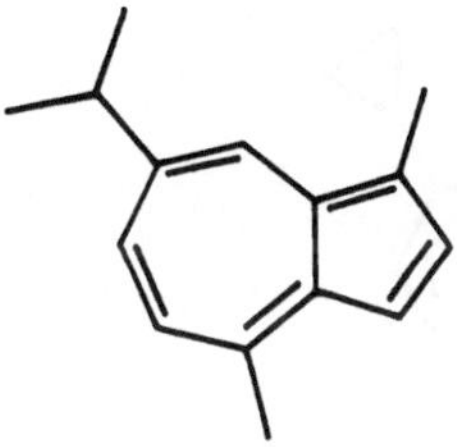

41

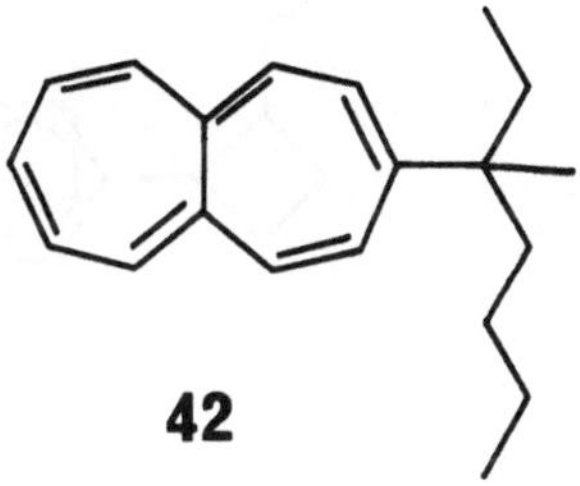

42

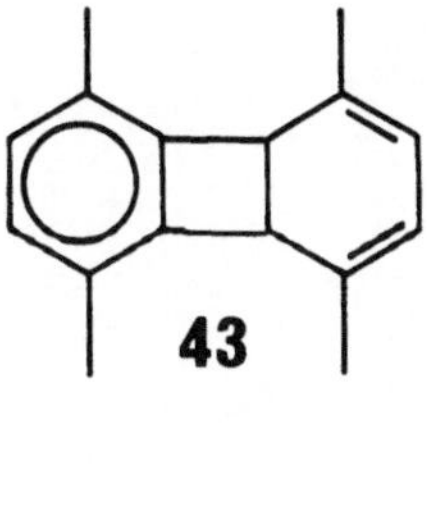

43

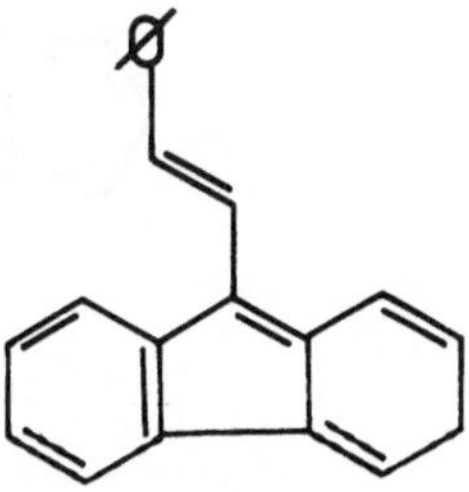

44

44

45

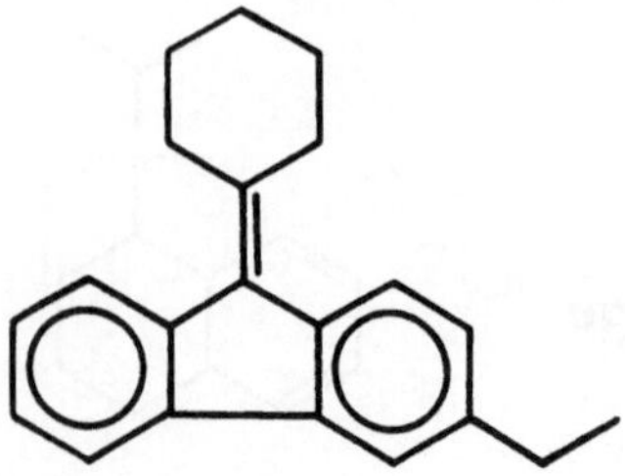

46

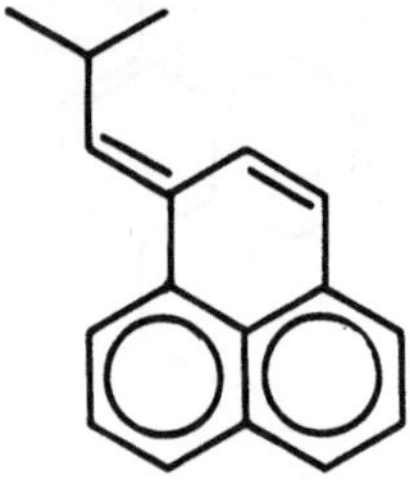

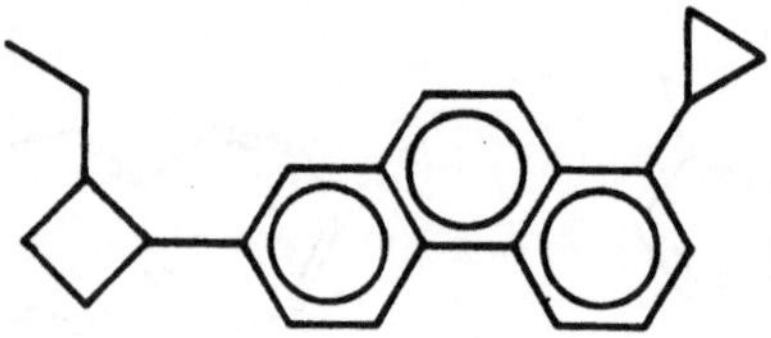

47

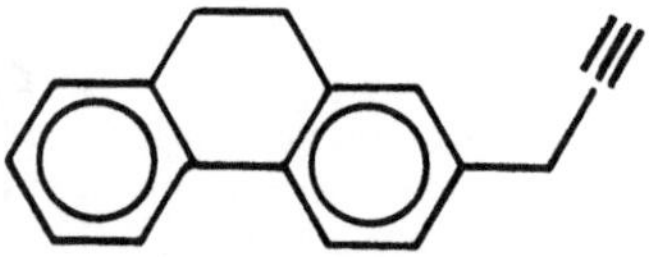

48

49

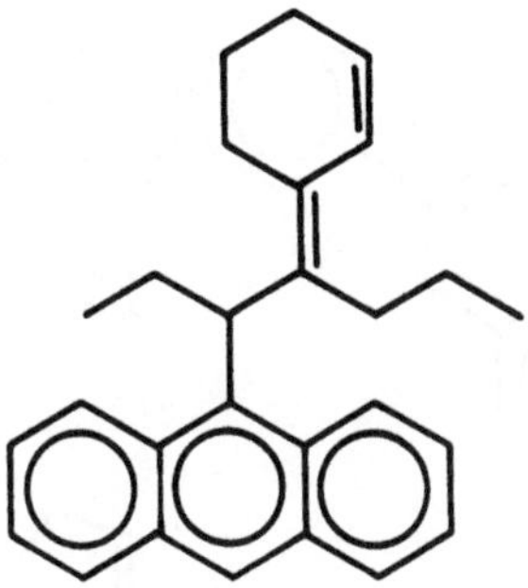

50

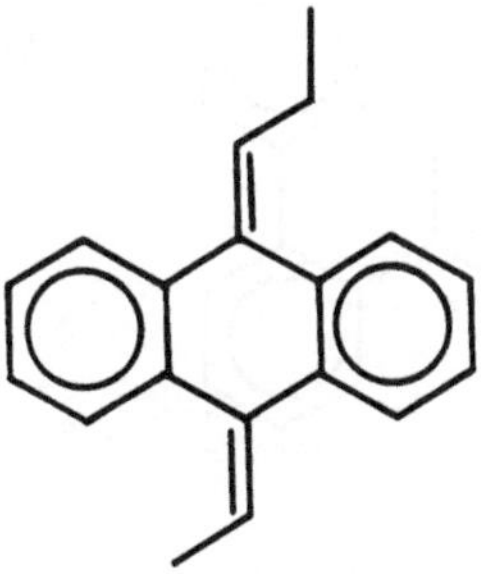

51

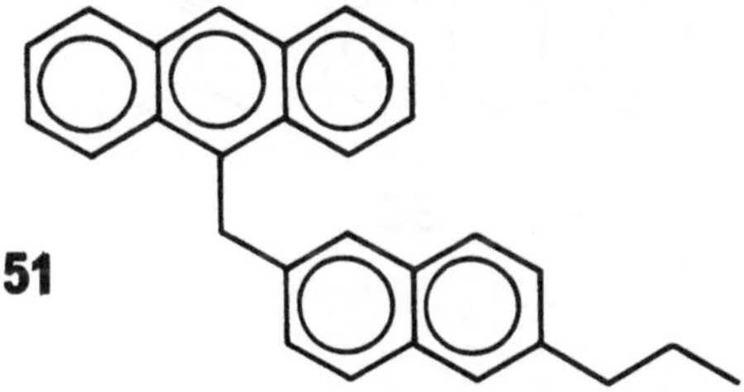

52

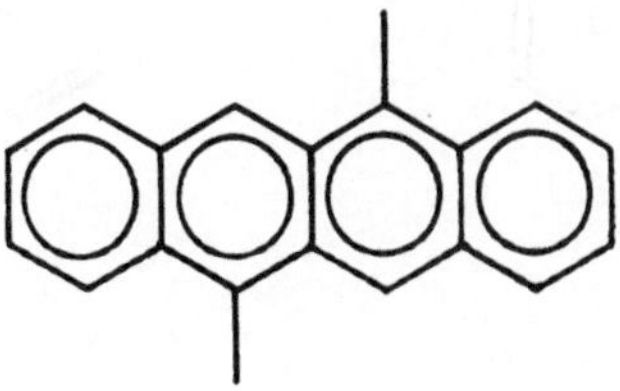

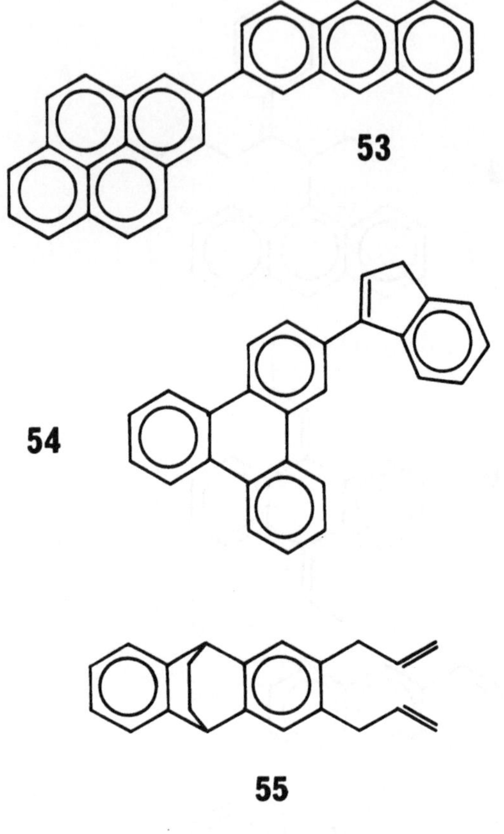

53

54

55

56

57

58

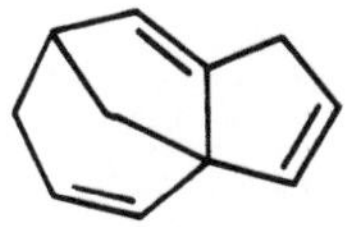

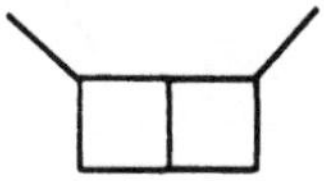

59

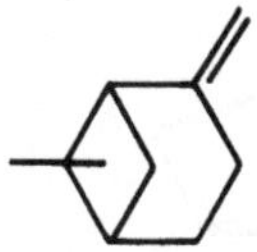

60

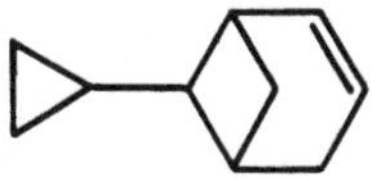

61

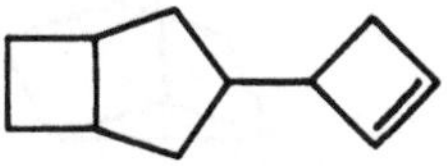

62

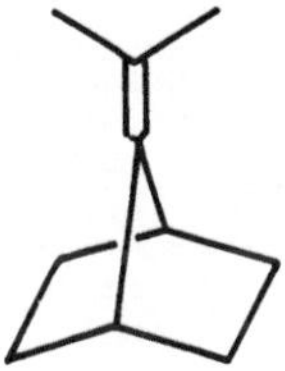

63

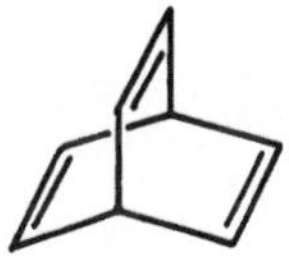

64

65

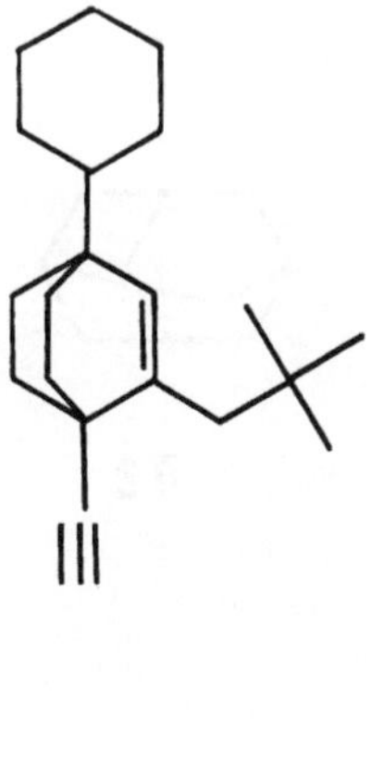

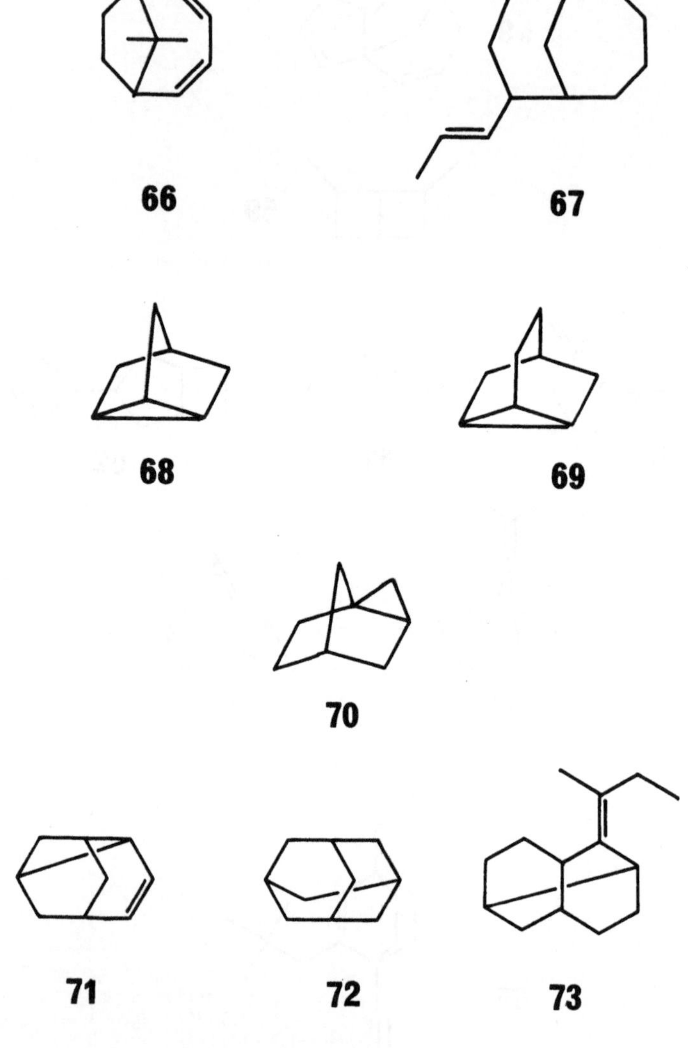

66

67

68

69

70

71

72

73

74

75

76

77

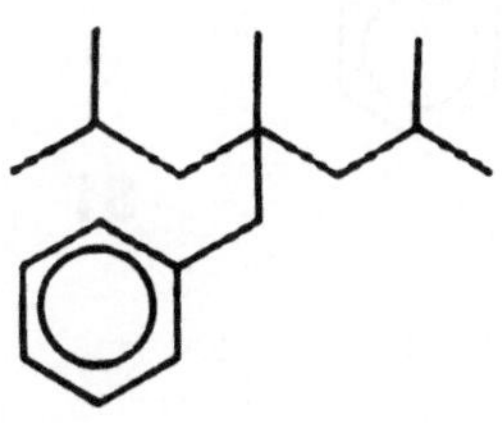

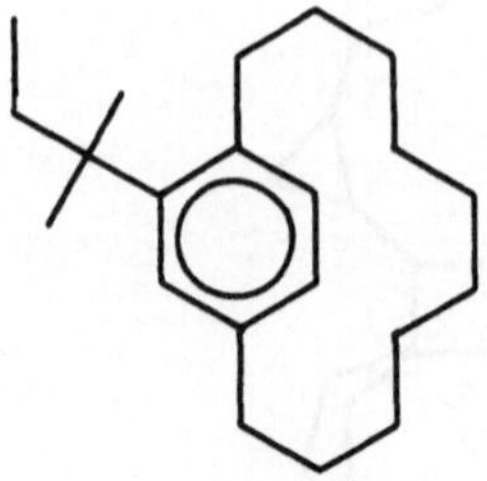

50

78

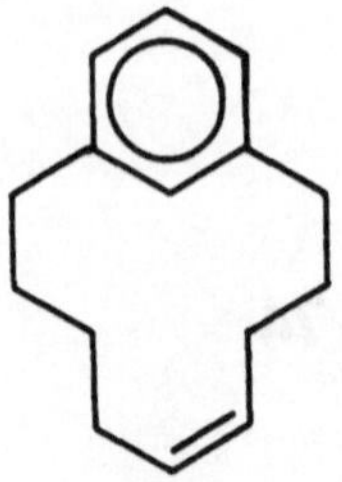

79

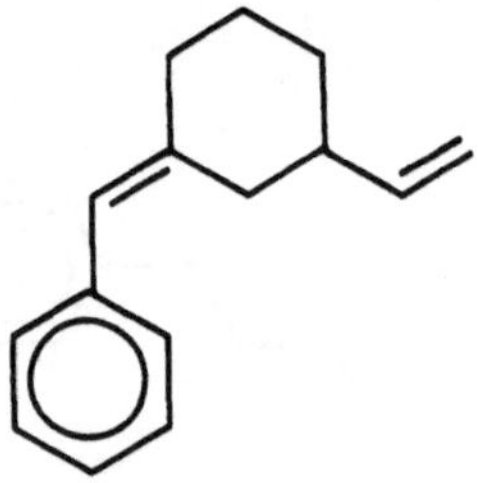

80

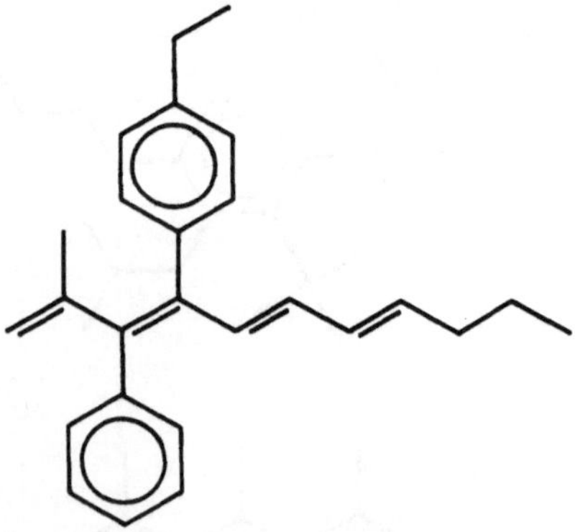

81

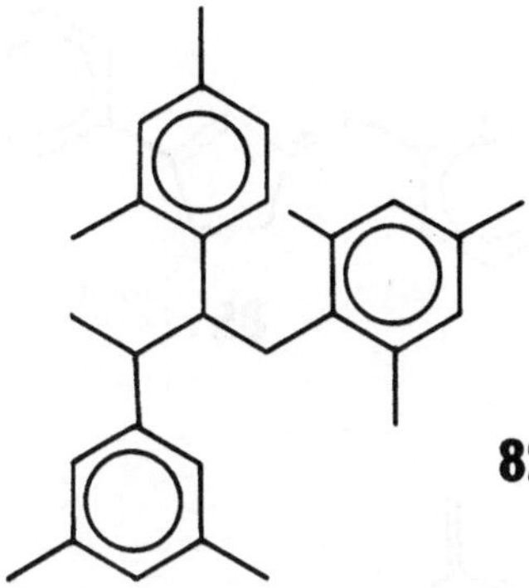

82

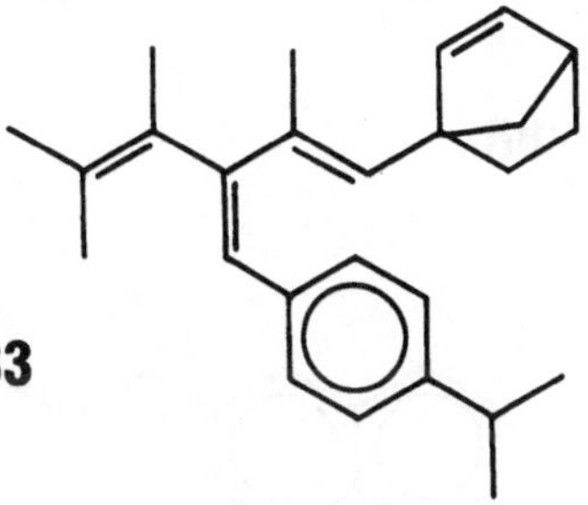

83

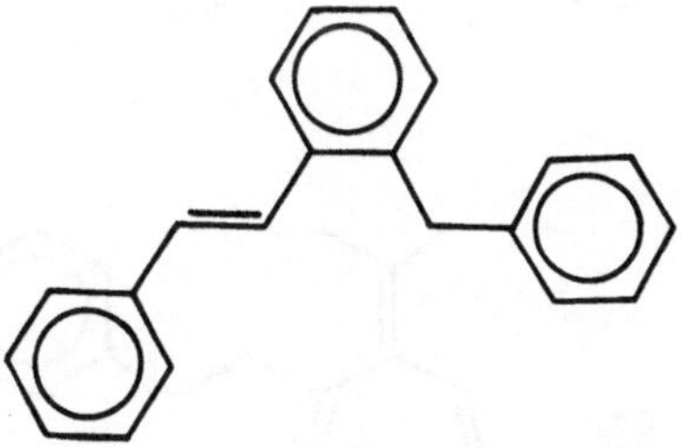

**84

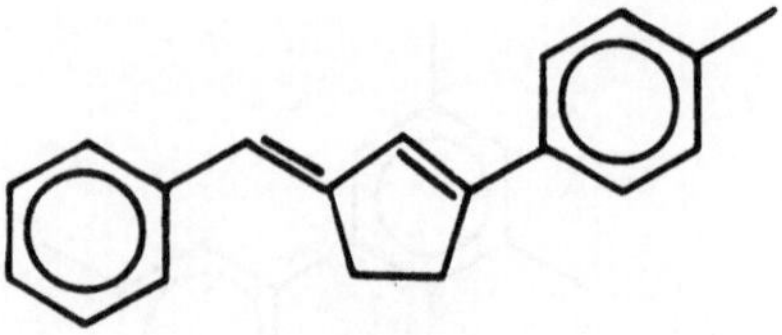

52

85

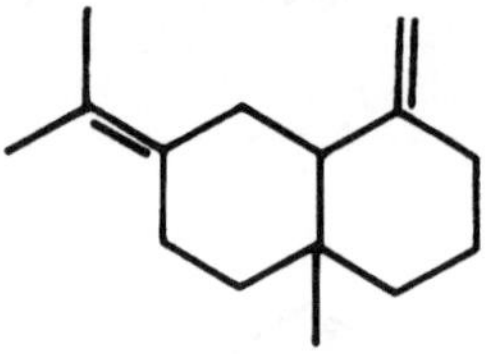

86

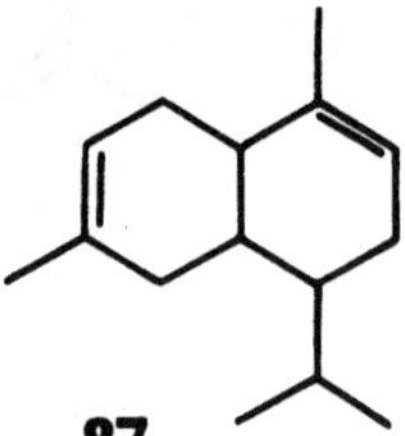

87

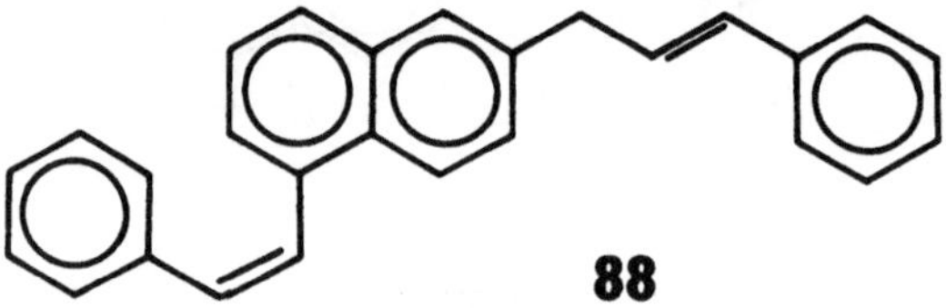

88

89

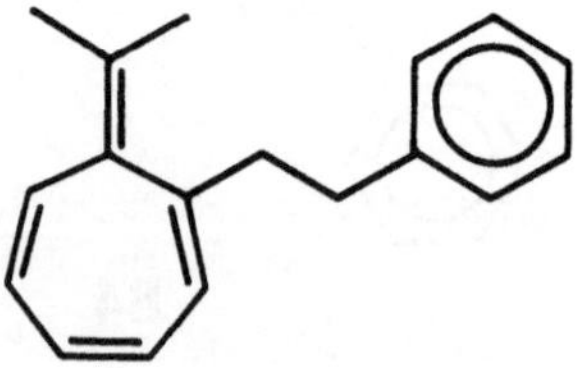

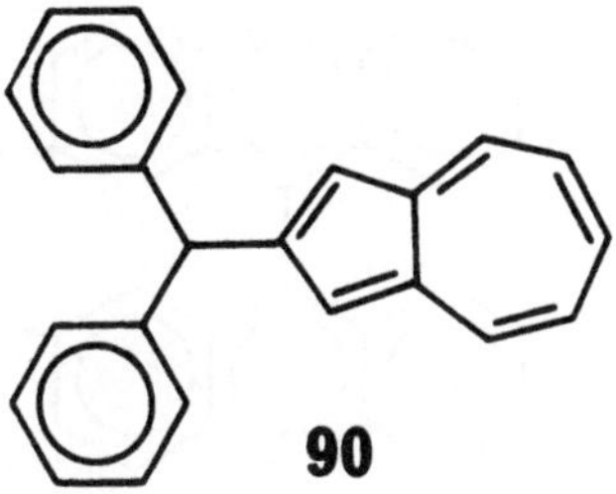

90

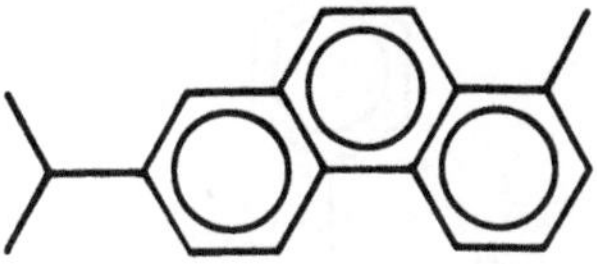

91

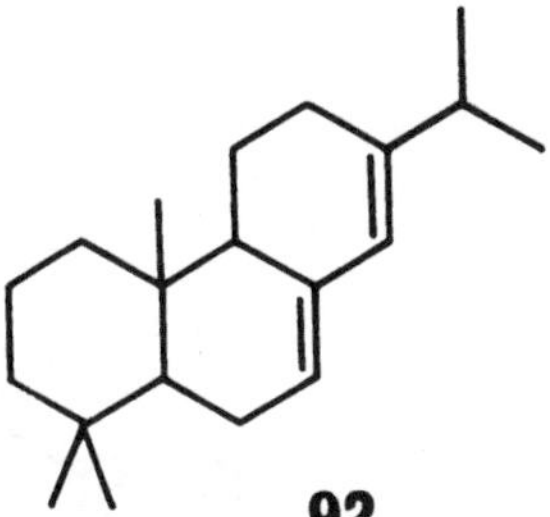

92

93

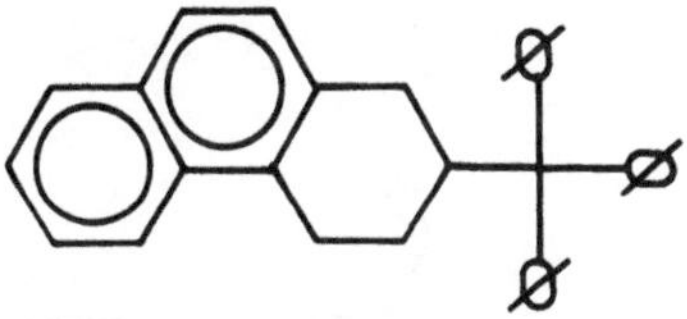

94

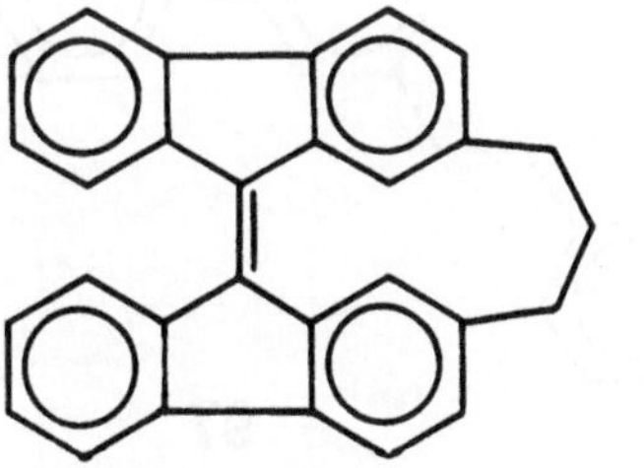

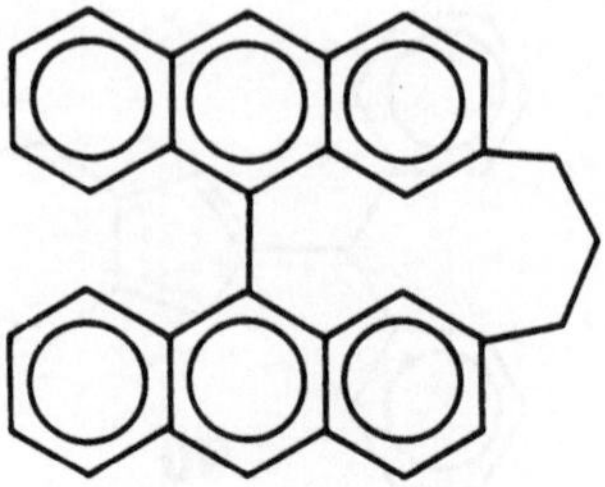

95

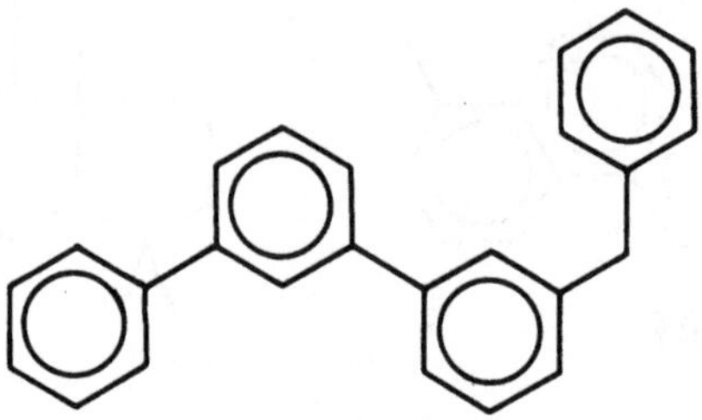

96

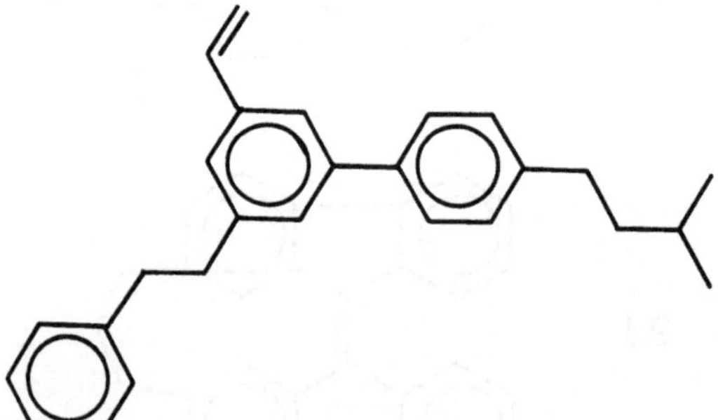

97

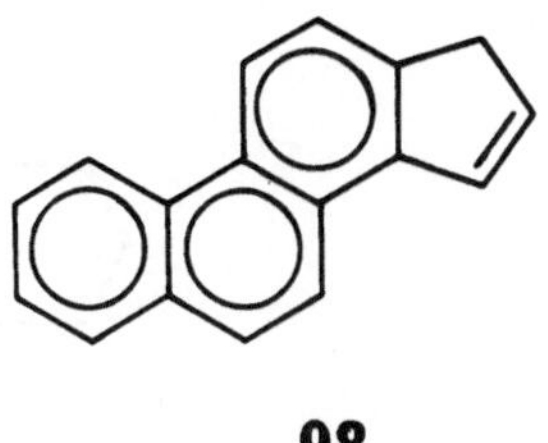

98

99 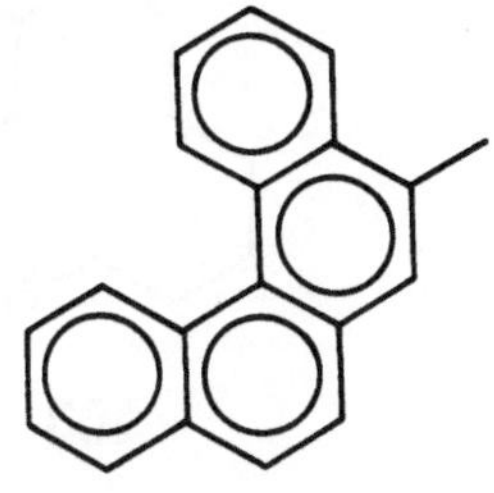

100

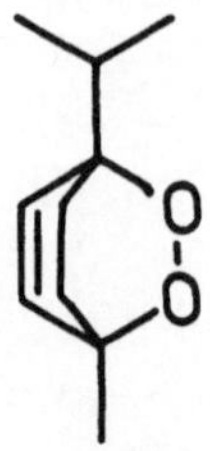

101

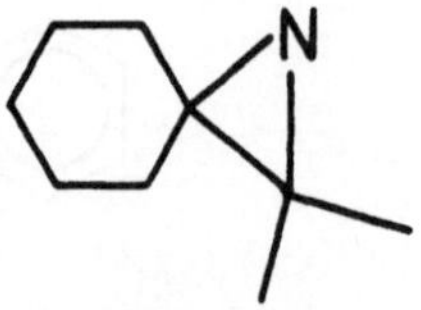

102

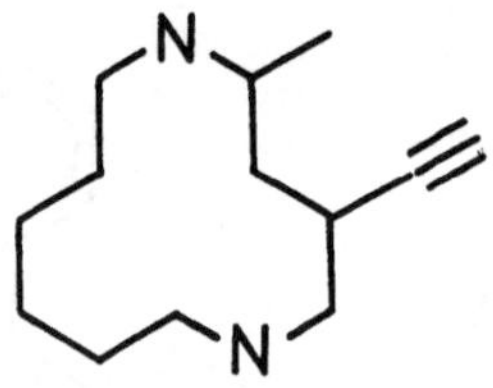

103

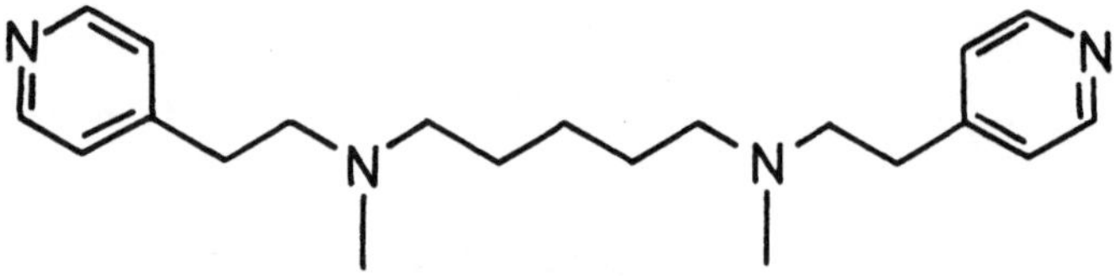

104

105

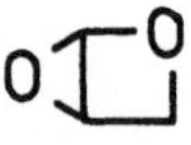

106

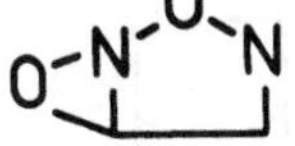

107

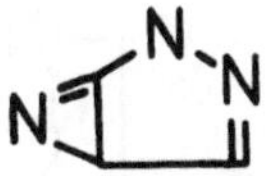

108

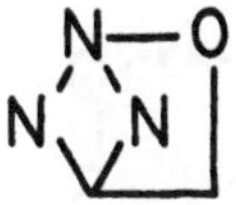

109

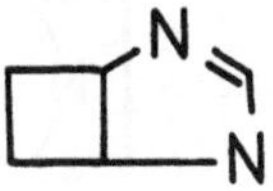

110

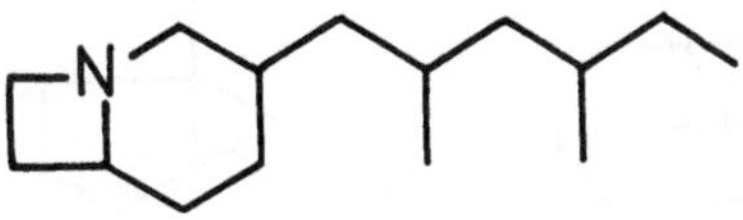

111

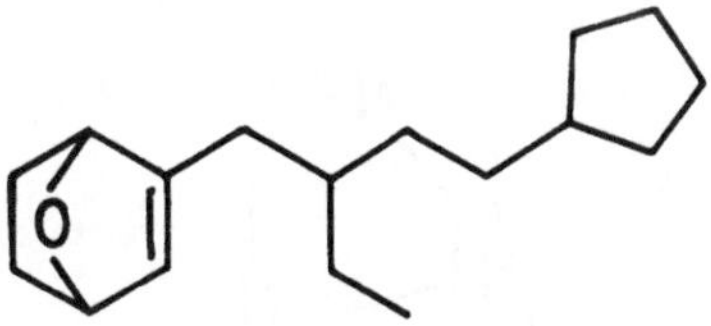

112

113 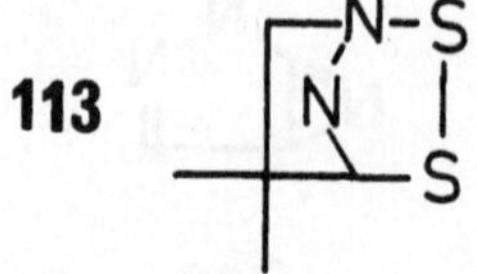

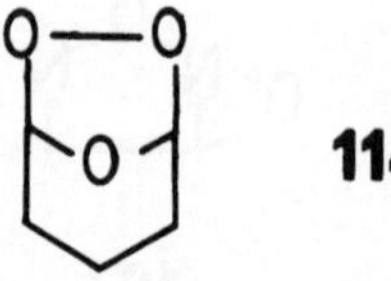 **114**

115 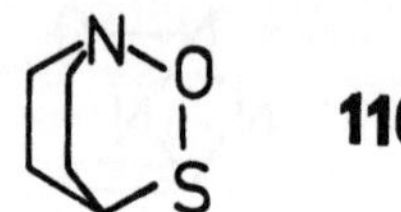 **116**

117 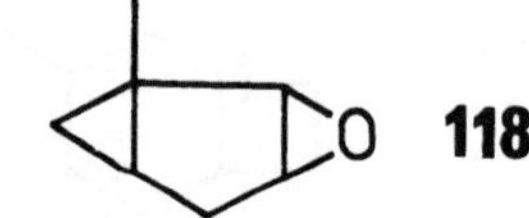 **118**

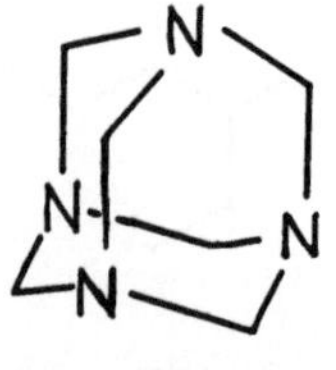

119

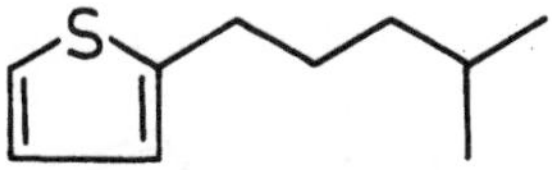

120

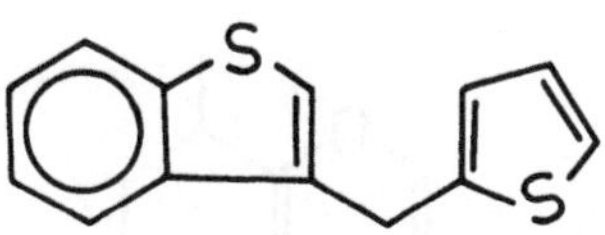

121

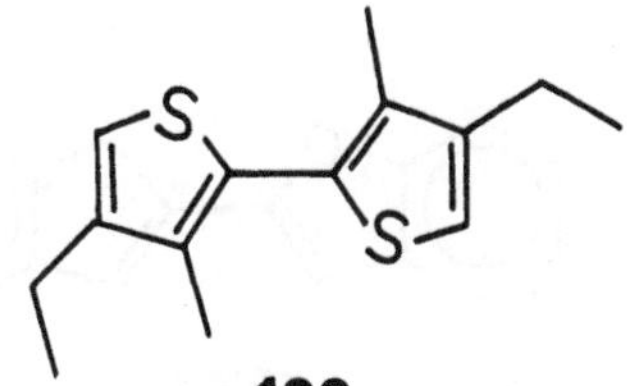

122

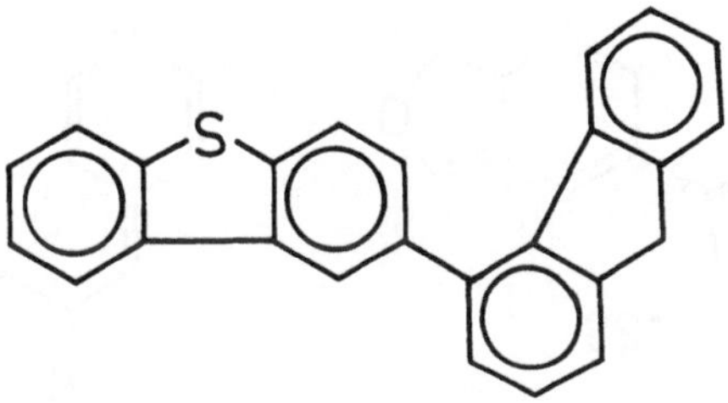

123

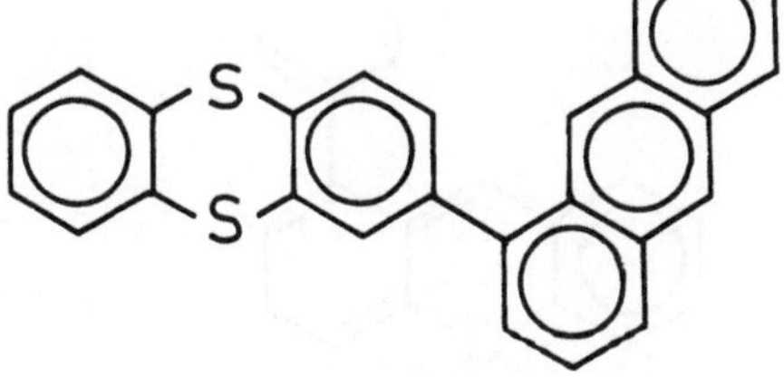

124

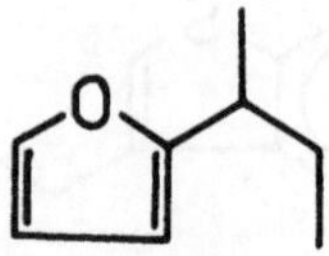

125

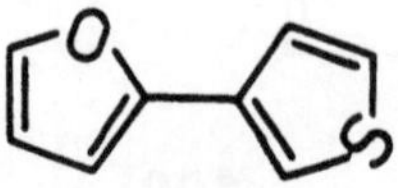

126

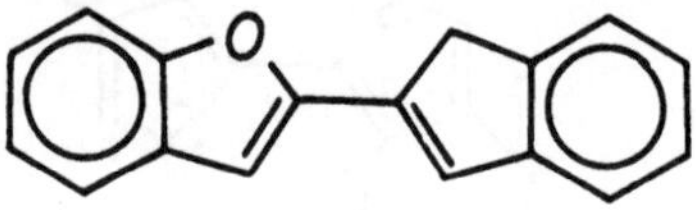

127

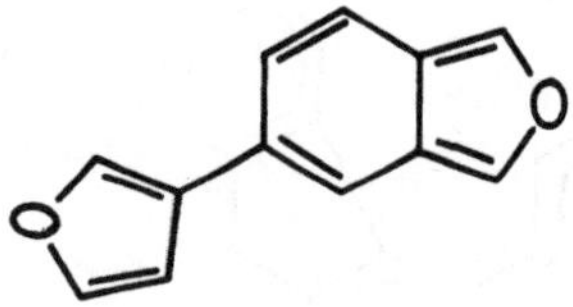

128

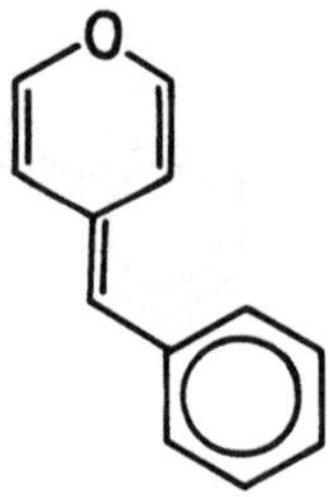

129

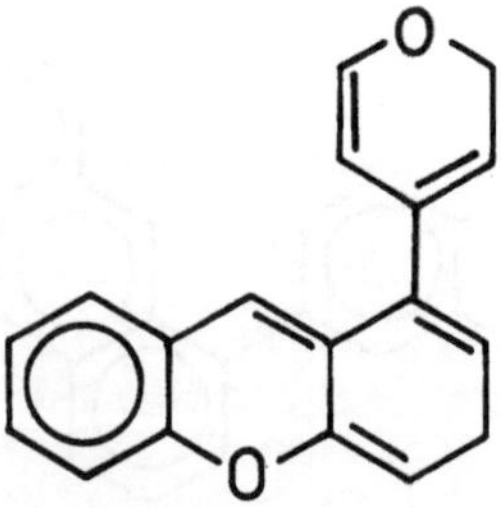

130

131

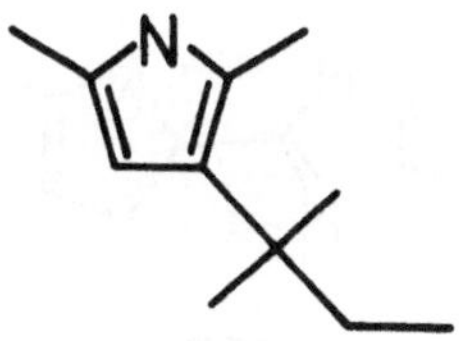

132

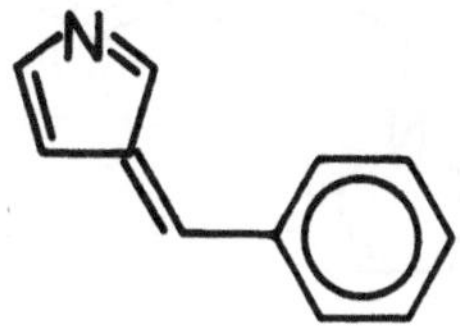

133

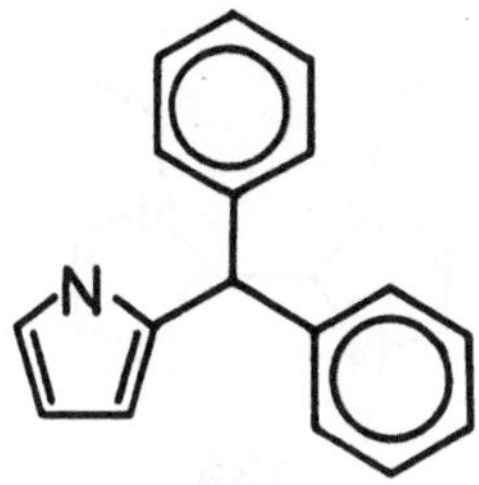

134

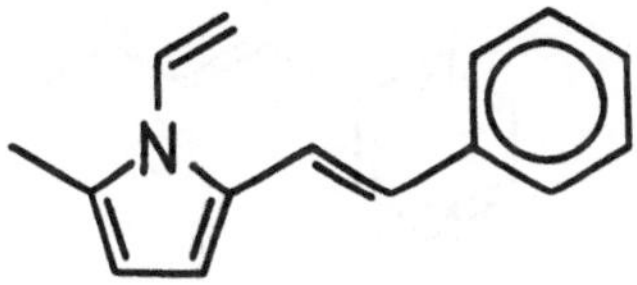

135

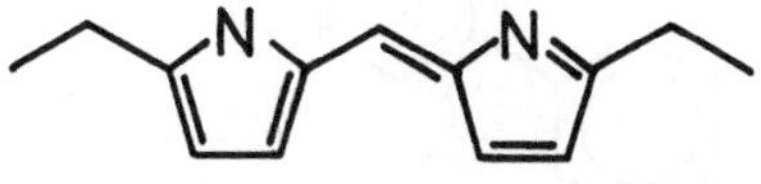

**136

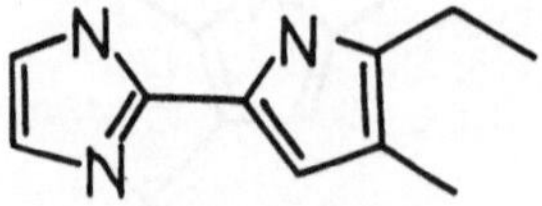

137

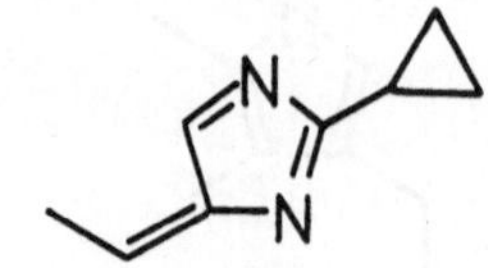

138

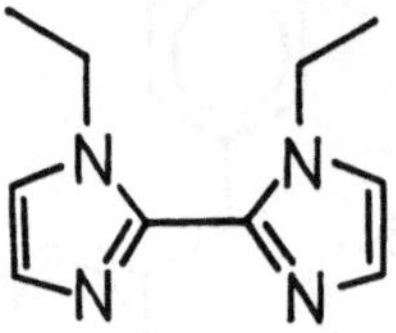

139

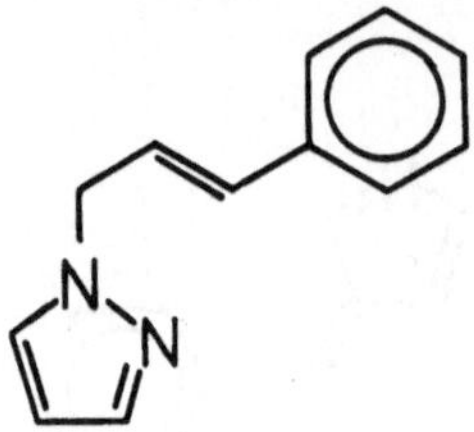

140

141

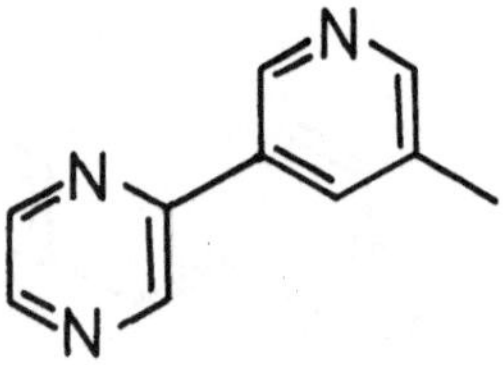

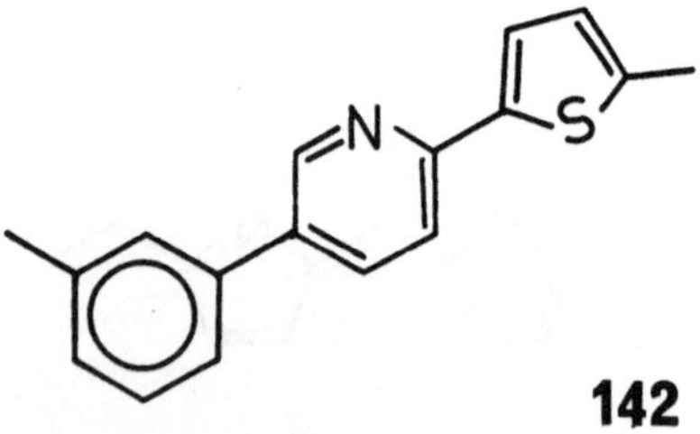

142

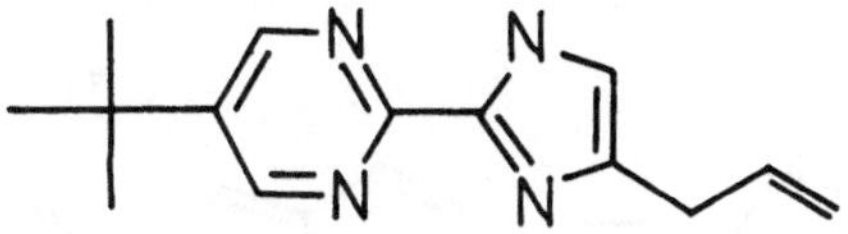

143

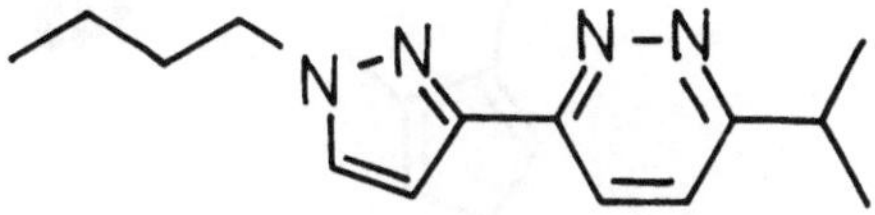

144

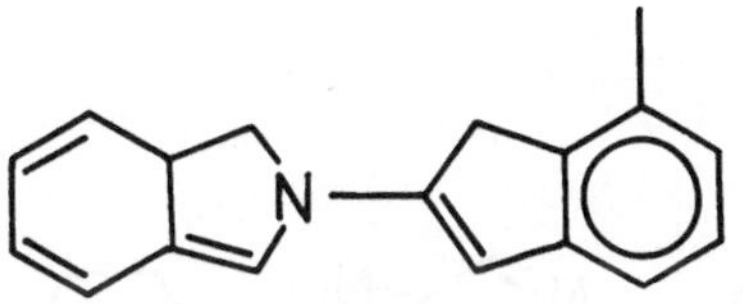

145

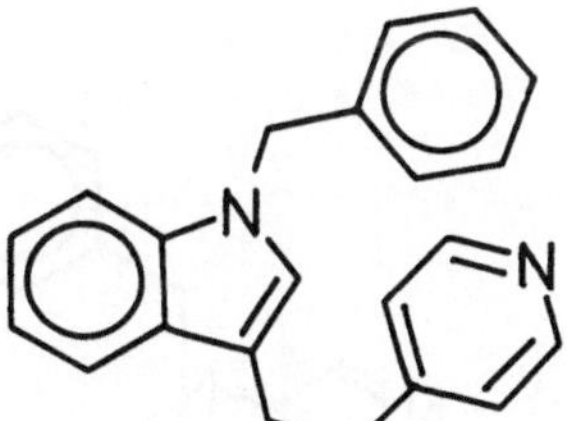

146

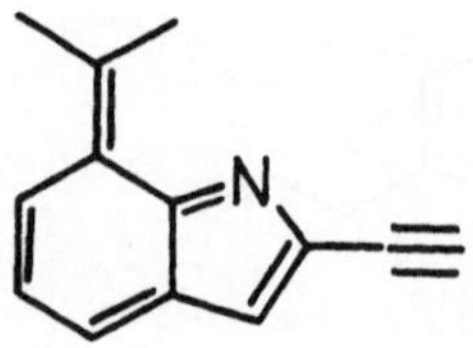

64

147

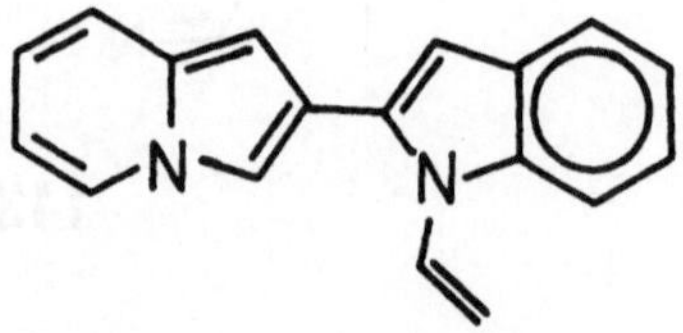

148

149

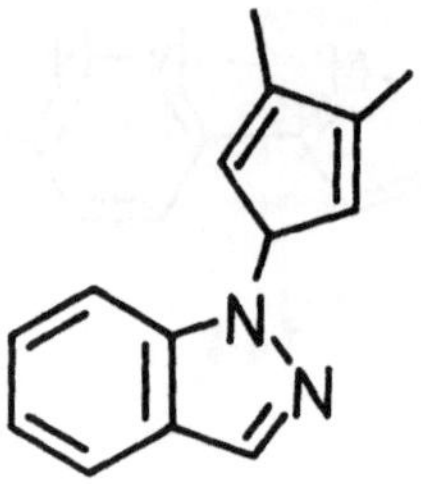

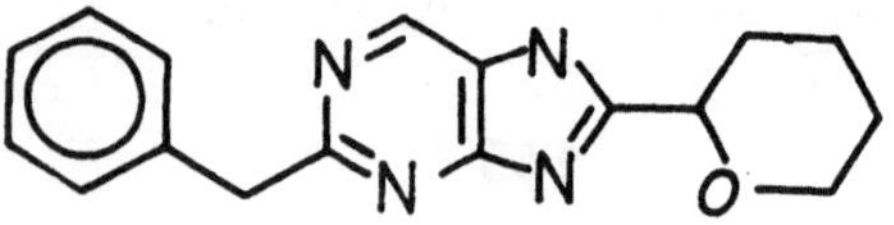

150

151

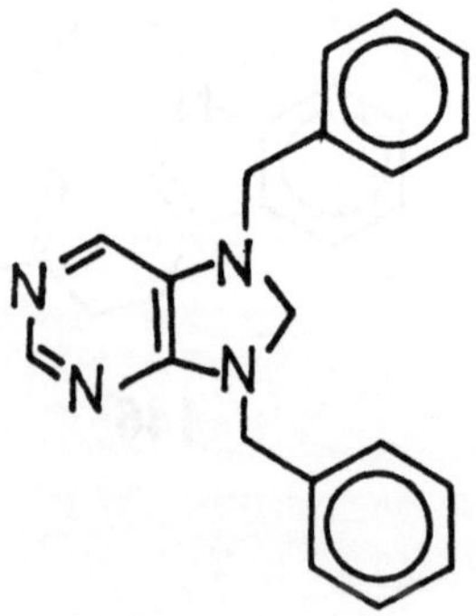

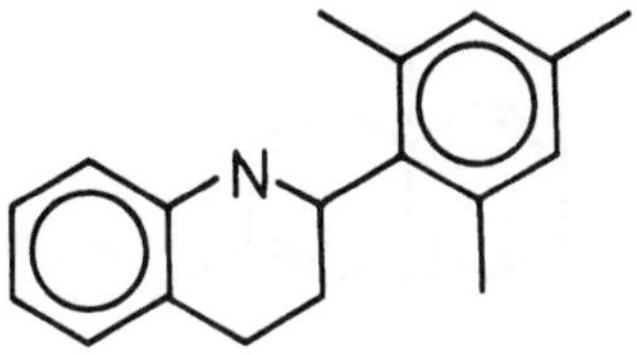

152

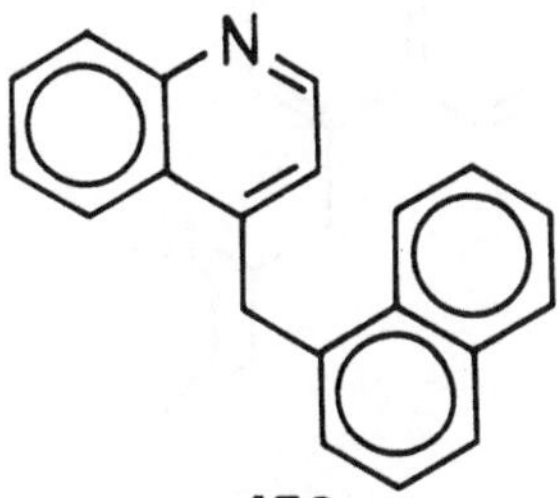

153

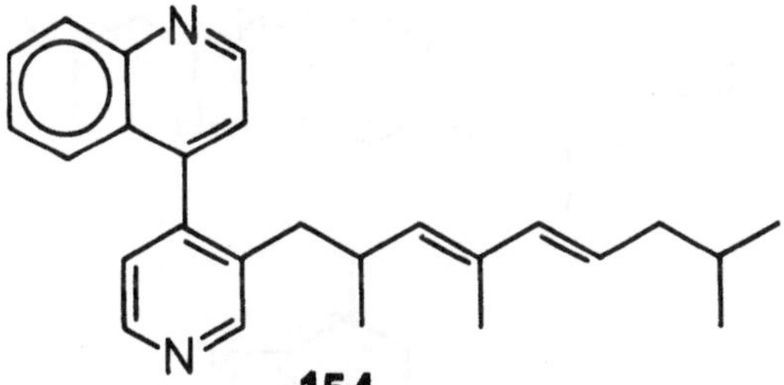

154

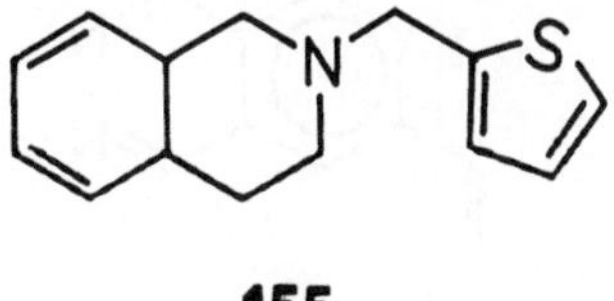

155

66

156

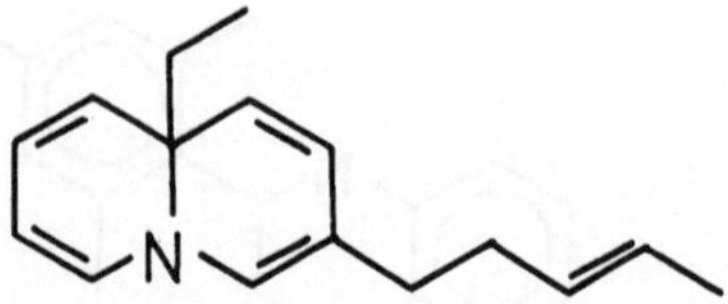

157

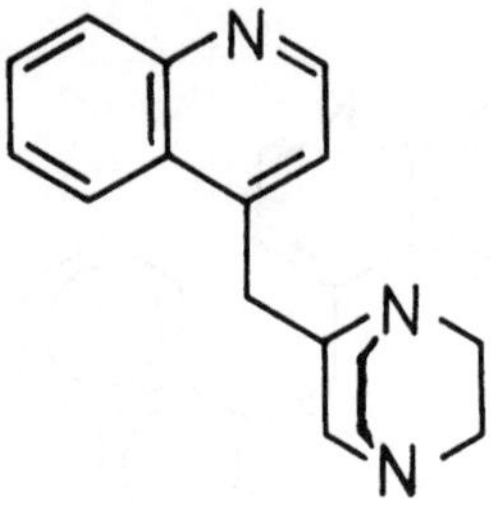

158

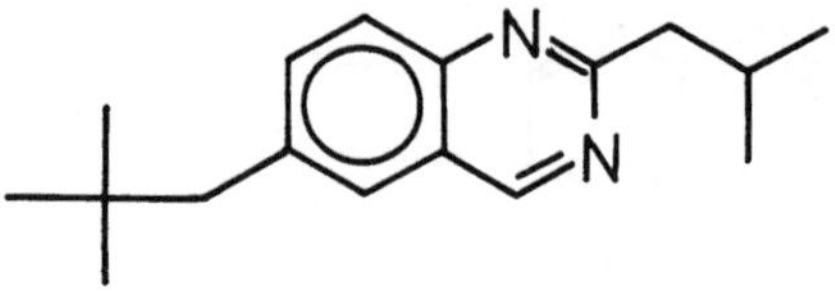

159

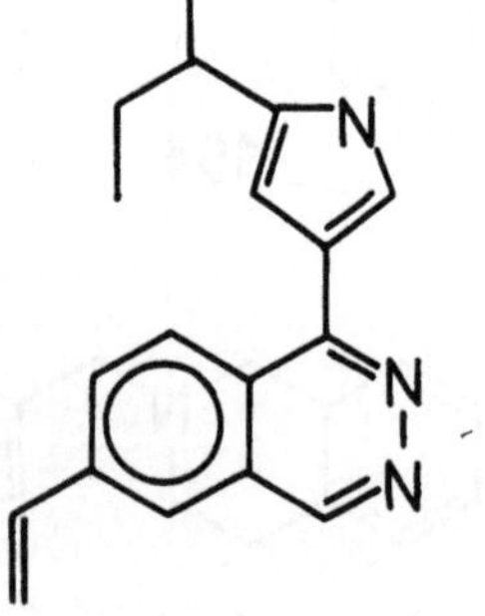

160

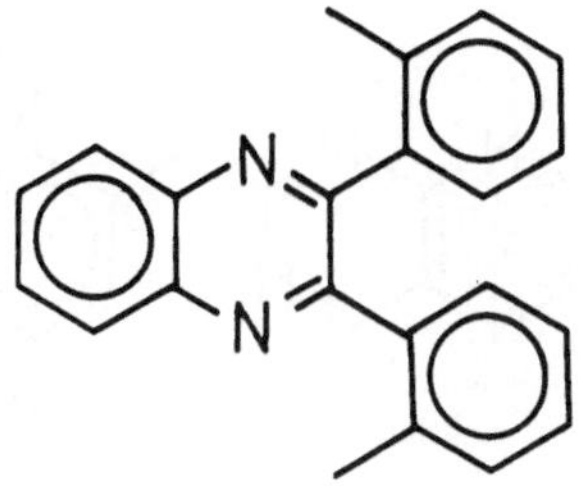

161

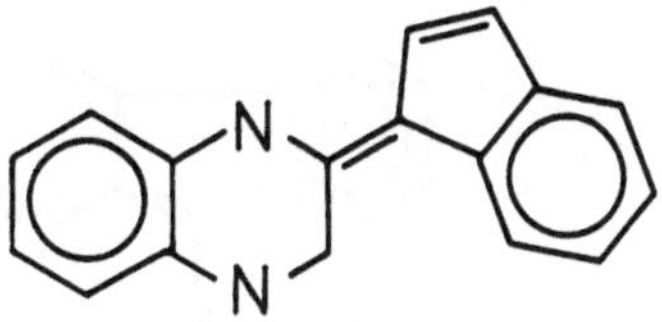

162

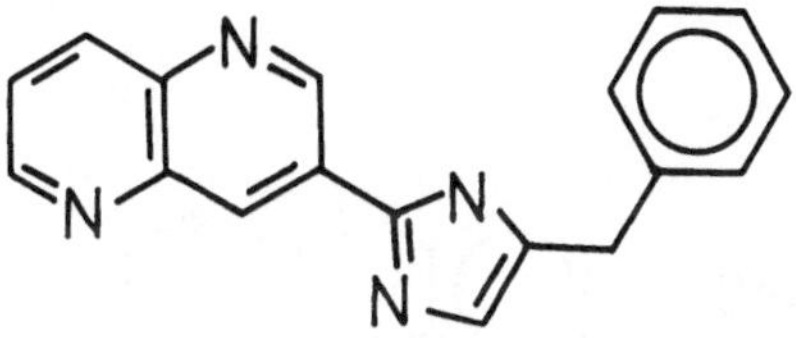

163

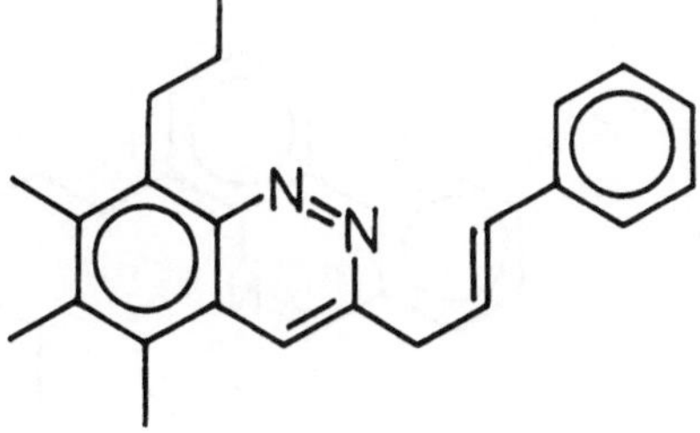

68

164

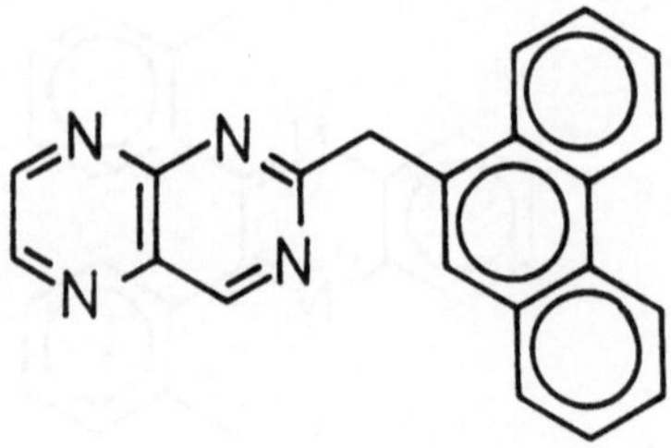

165

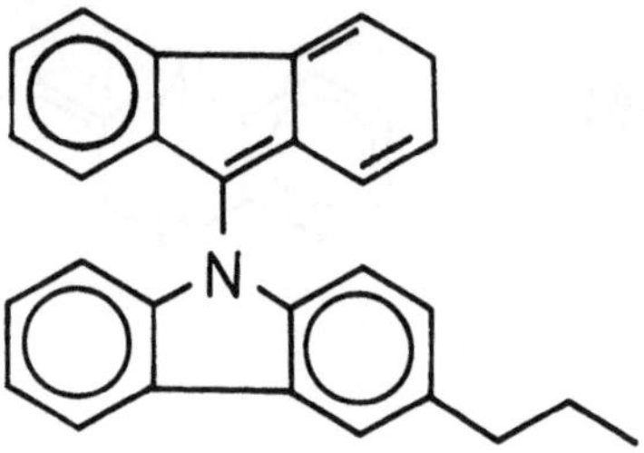

166

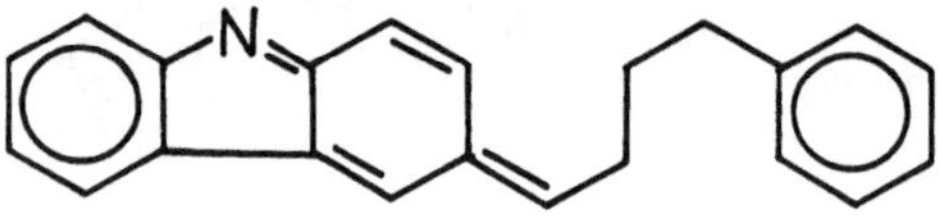

167

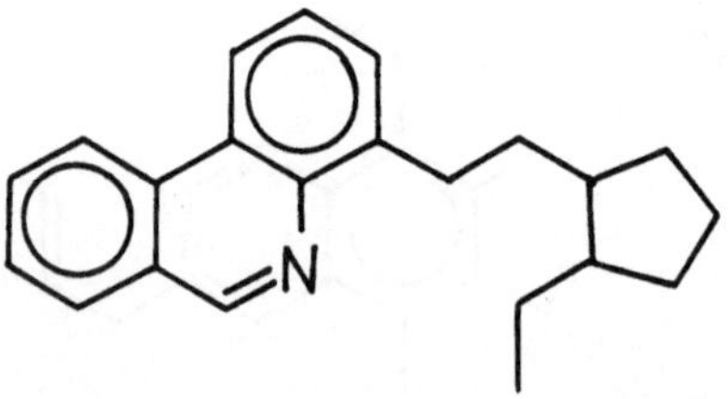

168

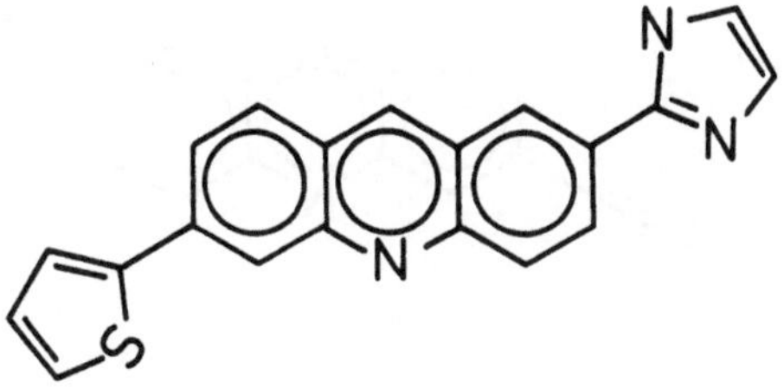

169

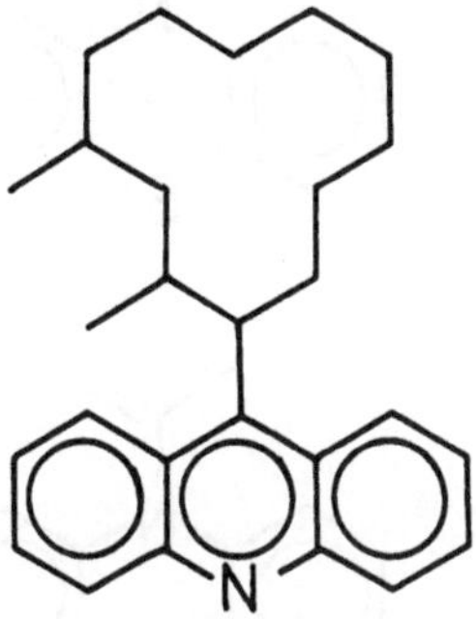

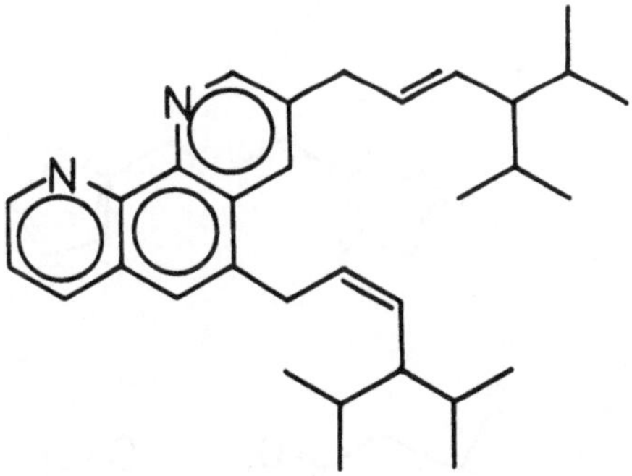

170

171

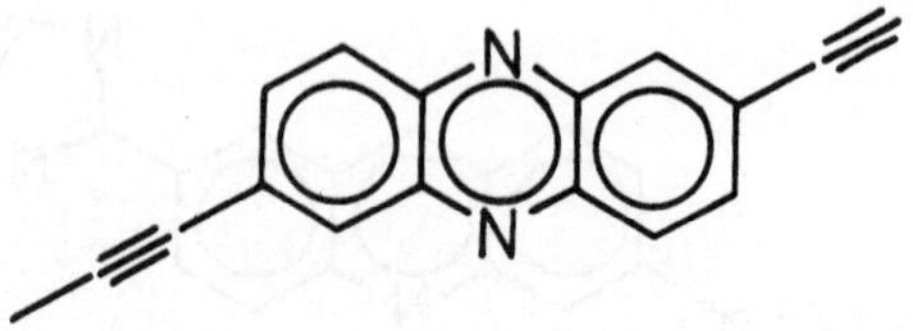

172

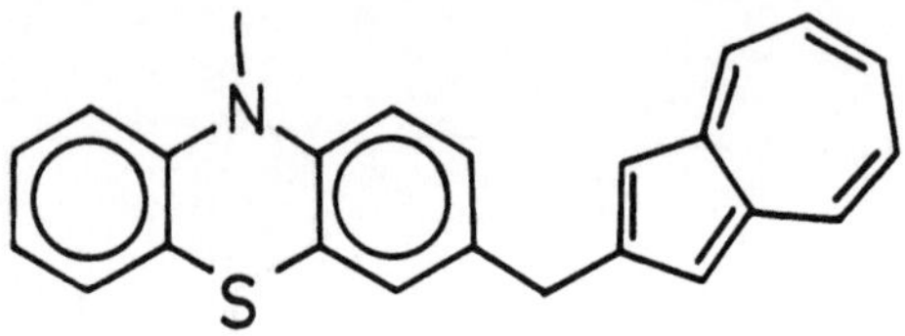

173

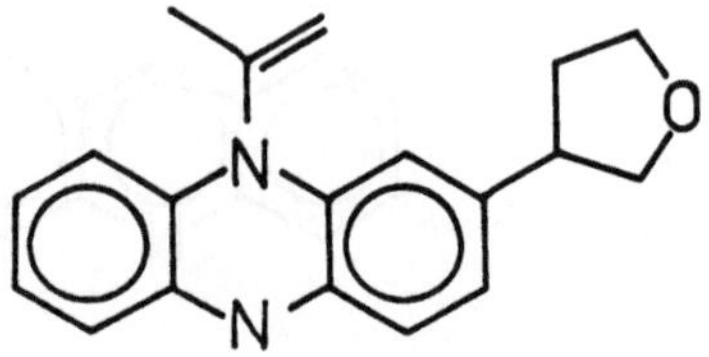

174

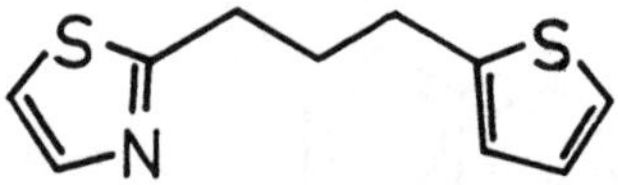

175

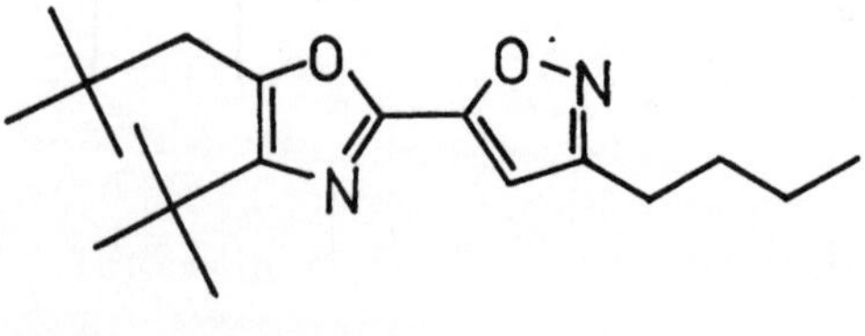

176

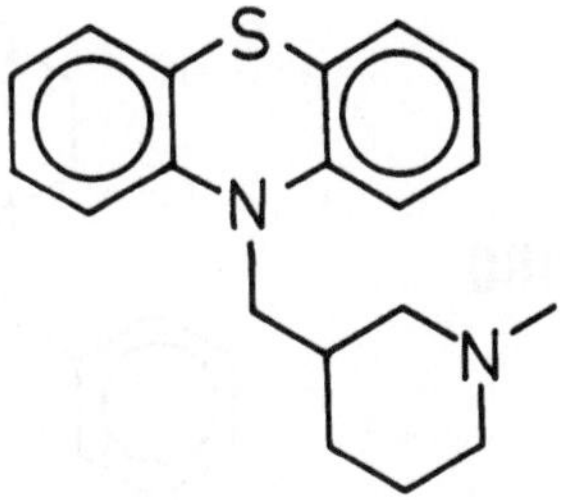

177

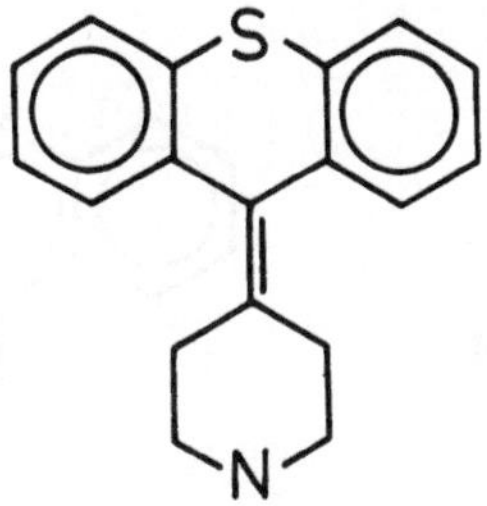

178

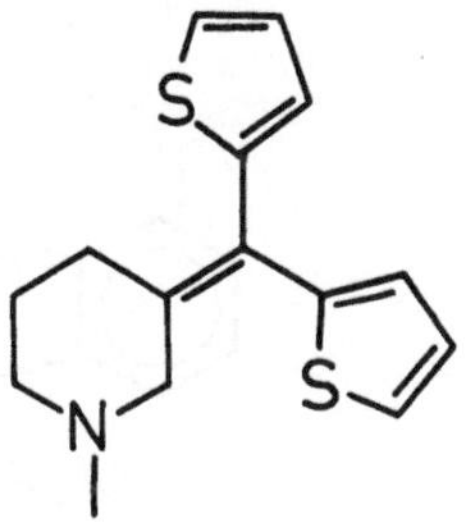

179

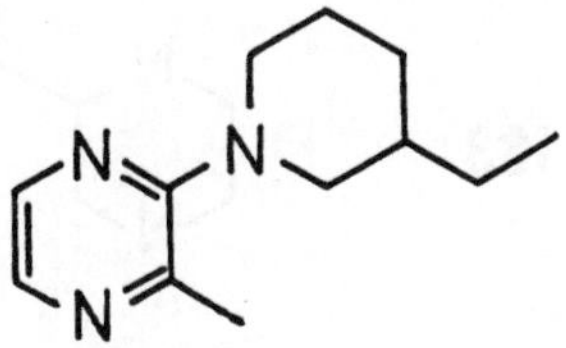

180

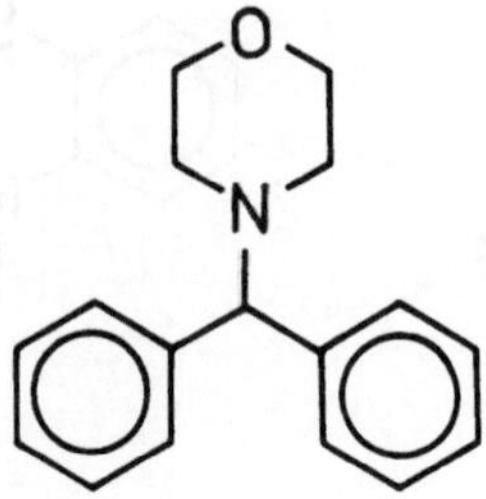

181

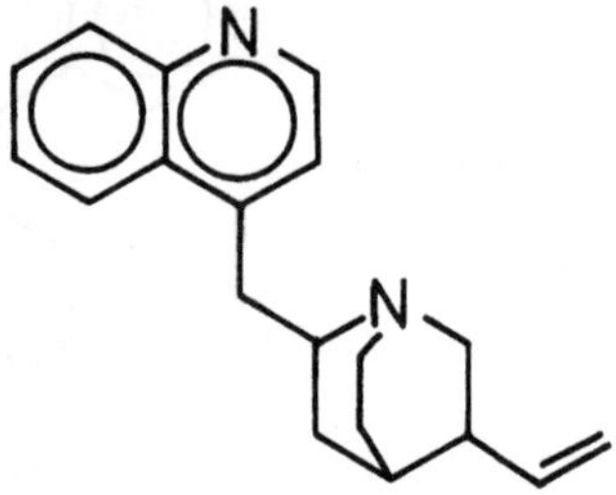

182

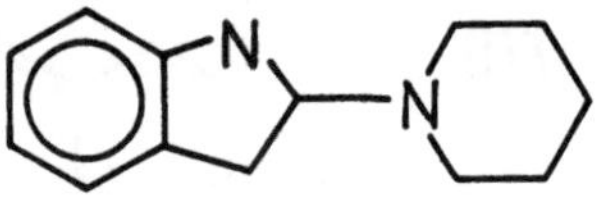

183

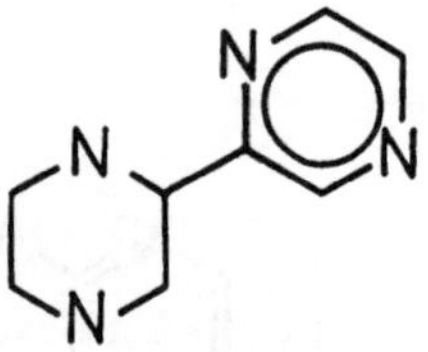

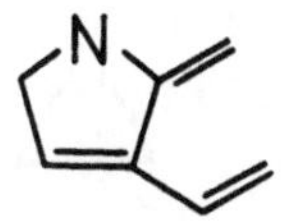

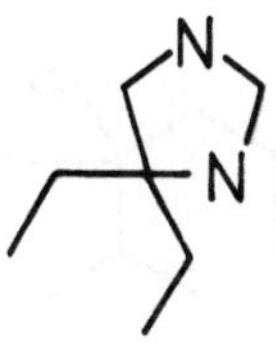

184

185

186

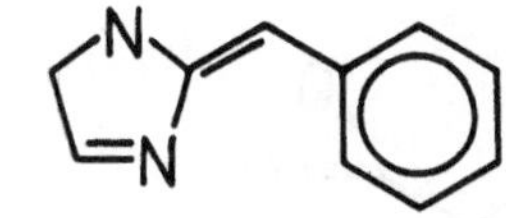

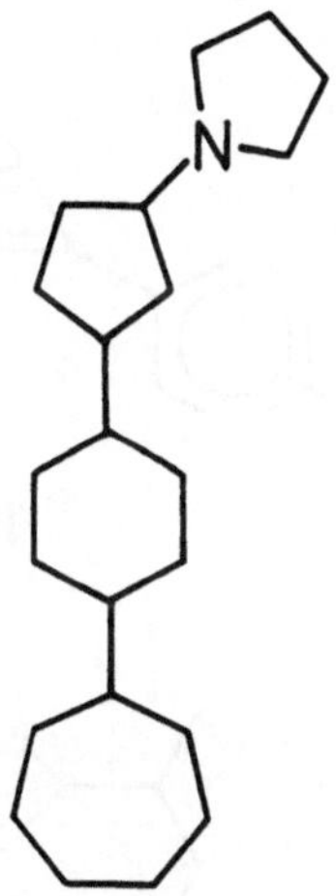

187

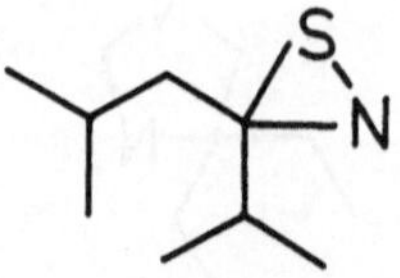

188

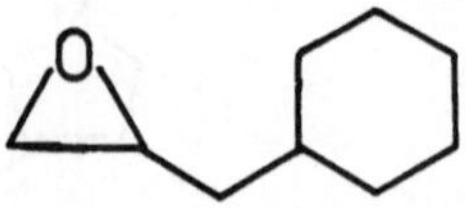

189

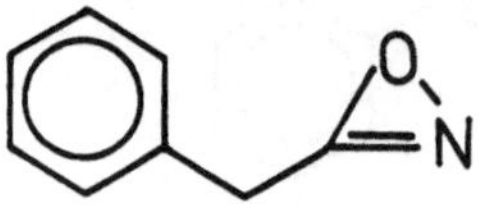

190

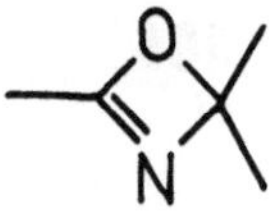

191

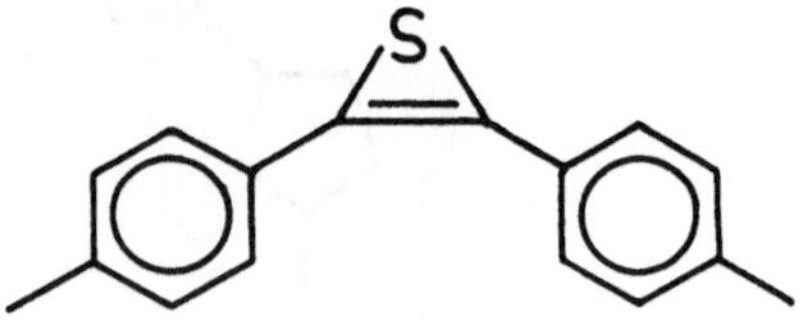

192

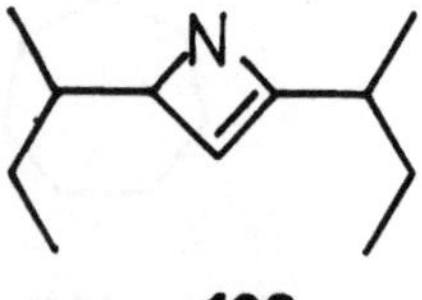

193

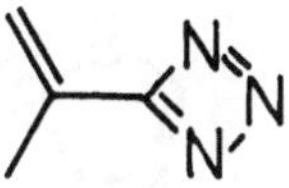

194

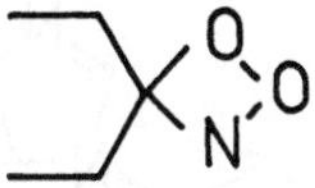

195

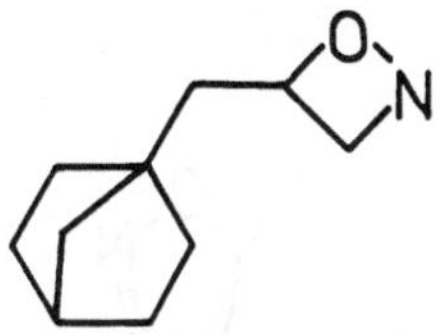

196

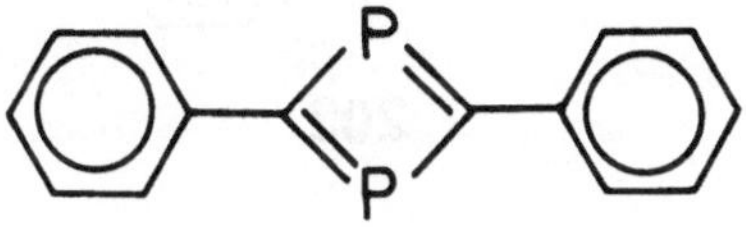

197

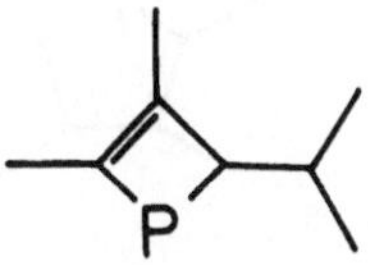

198

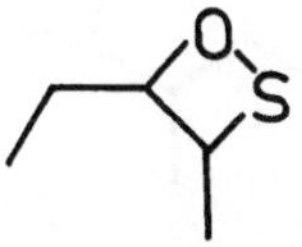

199

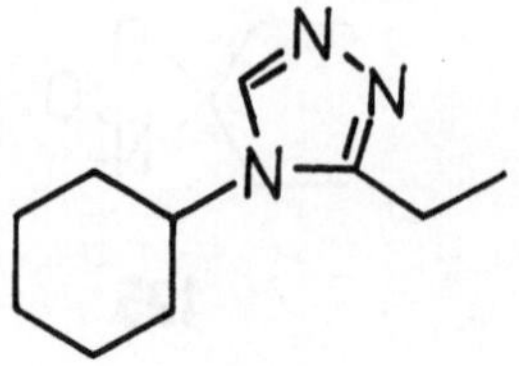

200

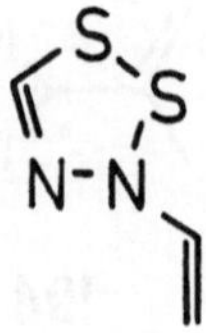

201

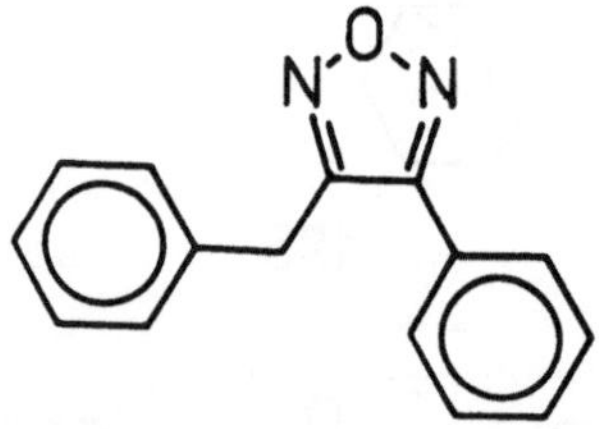

202

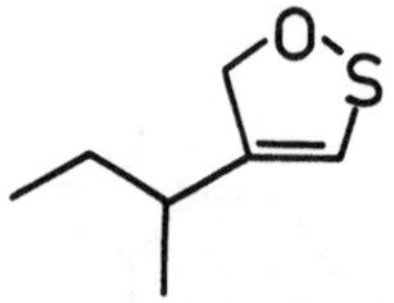

203

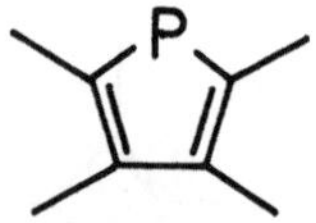

204

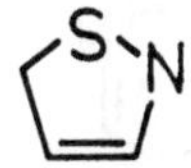

205

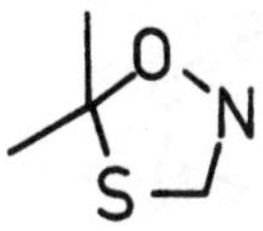

206

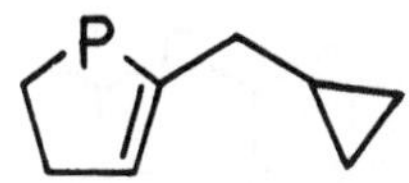

207

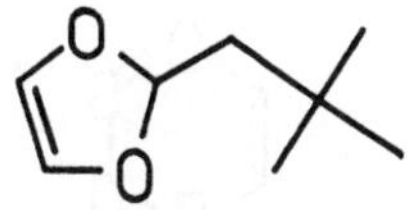

208

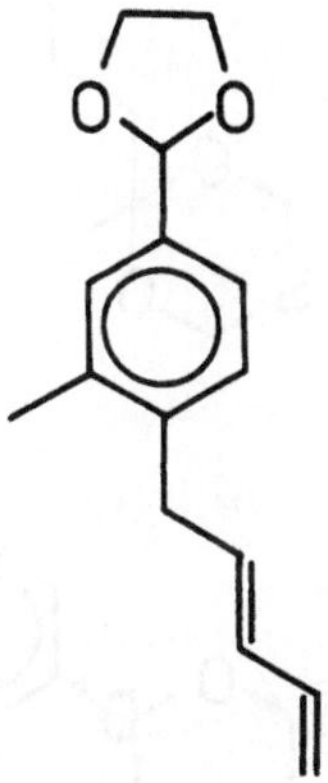

209

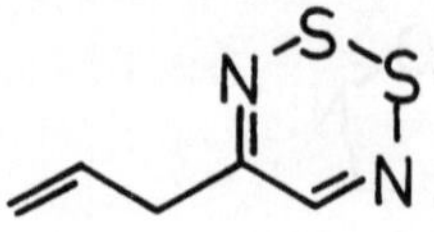

78

210

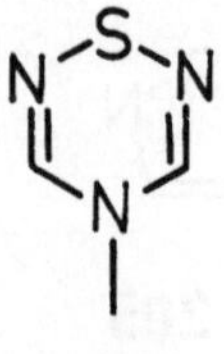

211

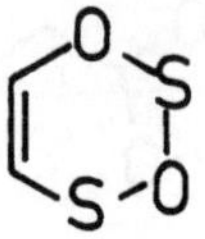

212

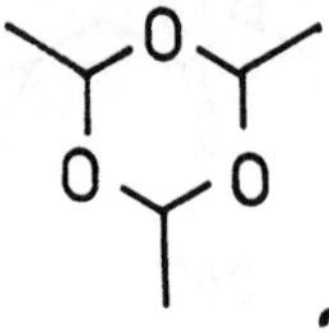

213

214

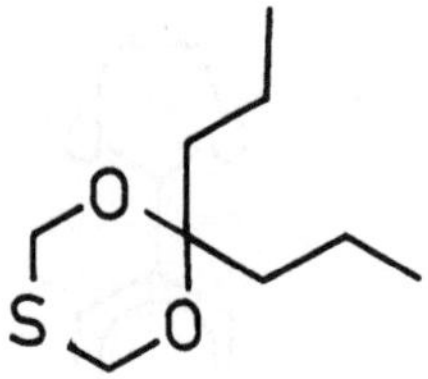

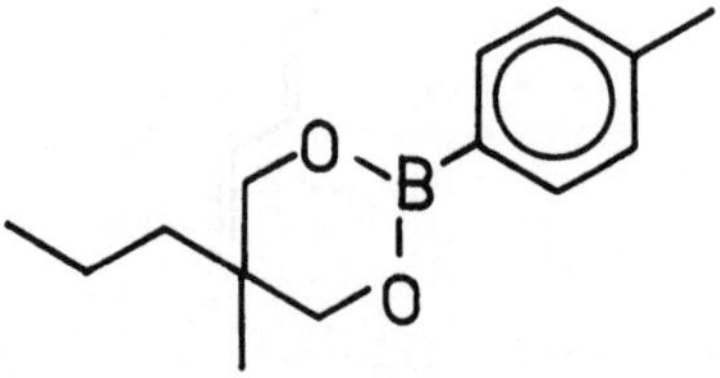

215

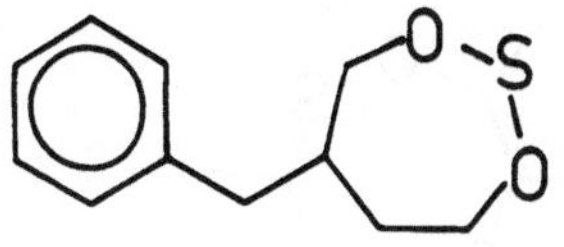

216

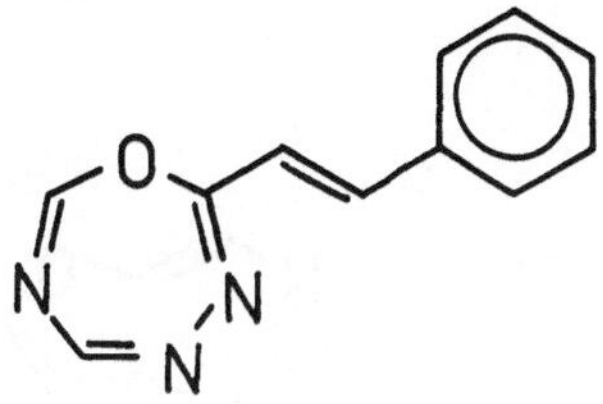

217

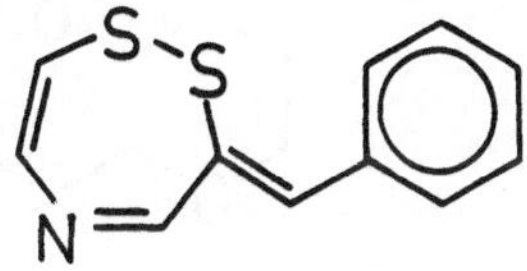

218

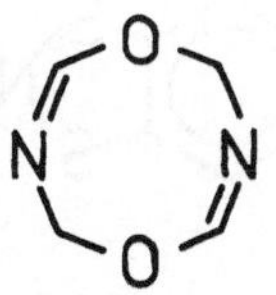

219

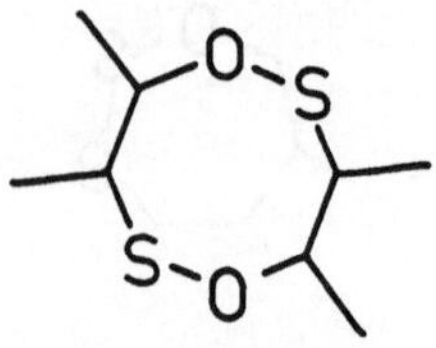

220

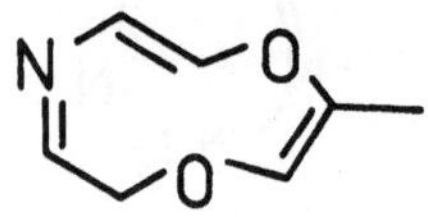

221

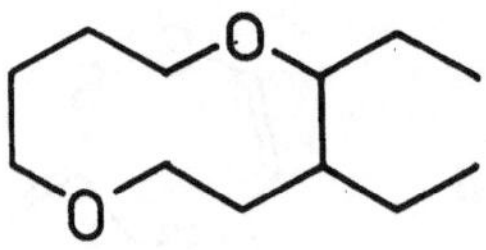

222

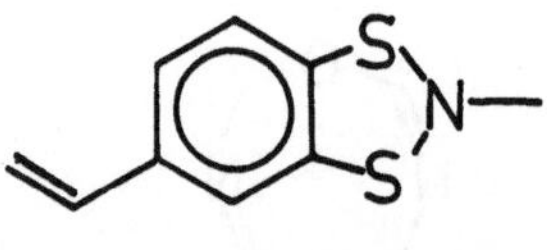

223

224

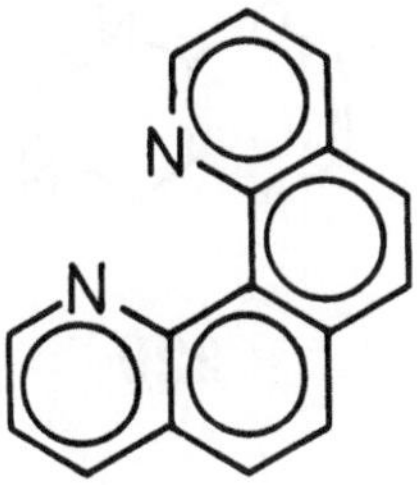

225

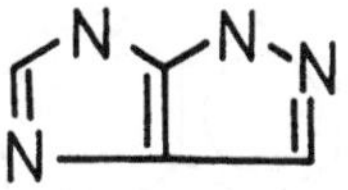

226

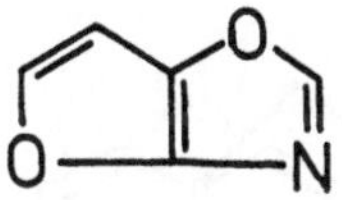

227

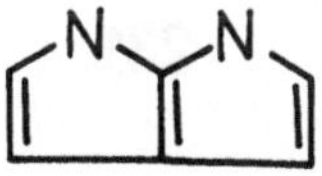

228

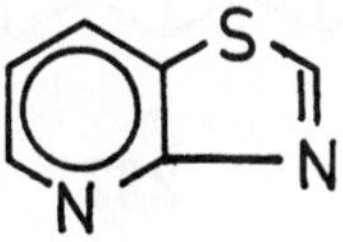

82

229

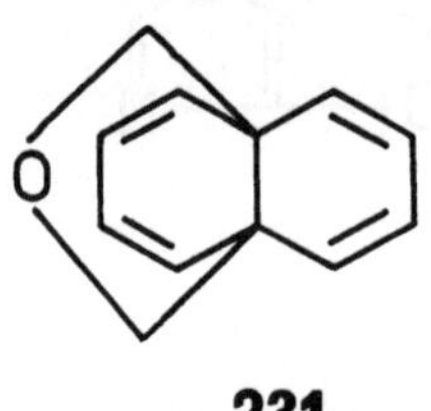

230

231

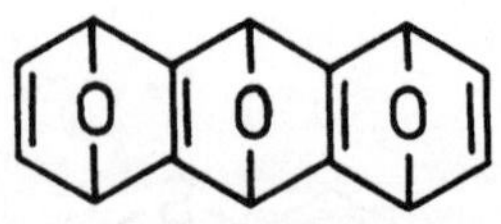

232

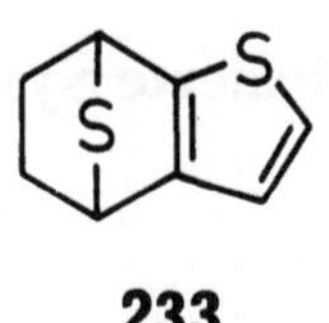

233

234

235

236

Substituierte Systeme

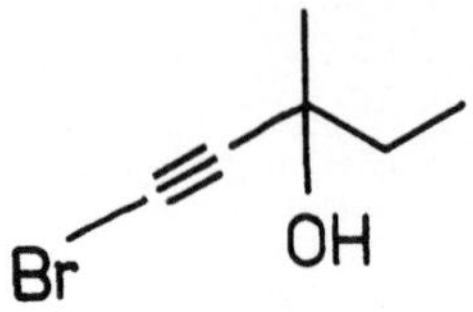

237

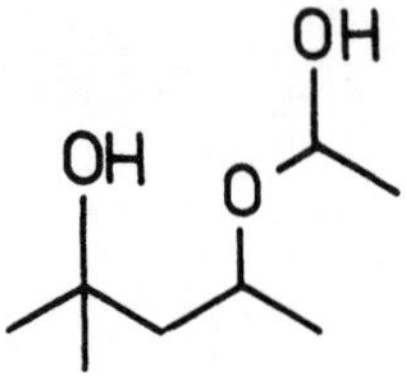

238

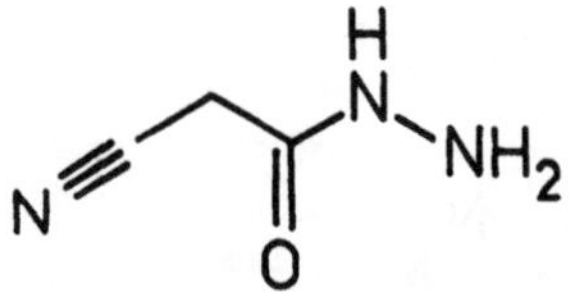

239

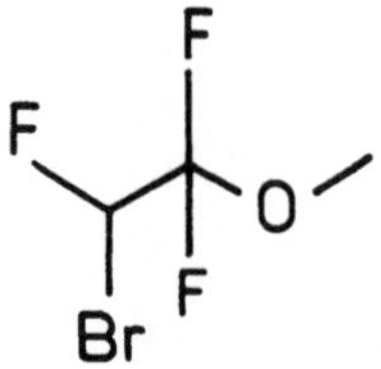

240

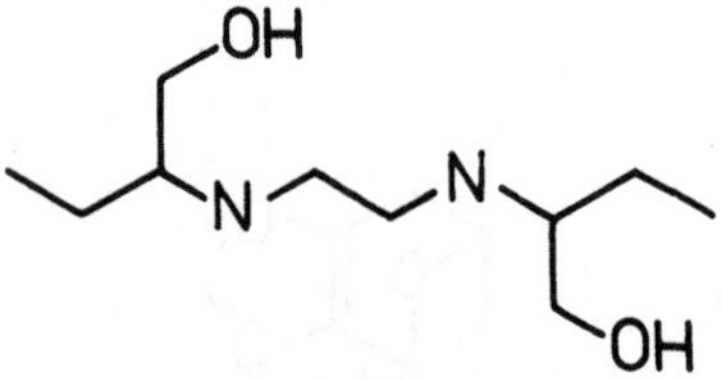

241

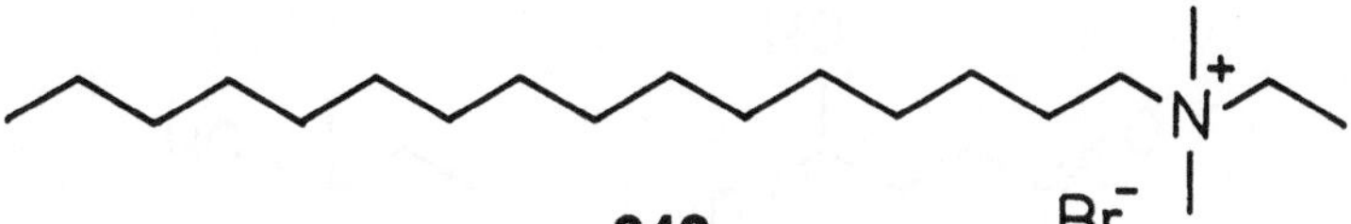

242

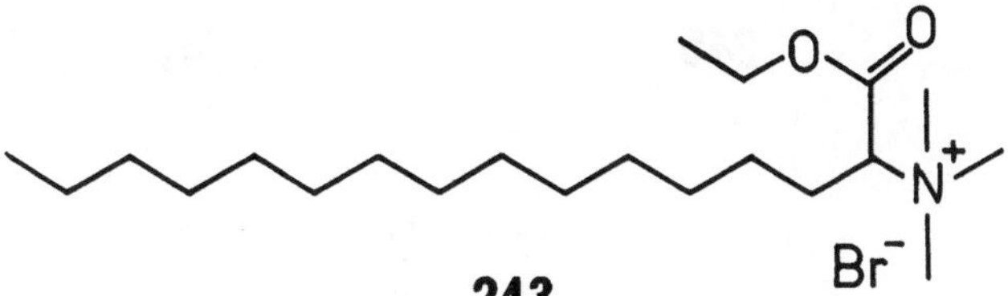

243

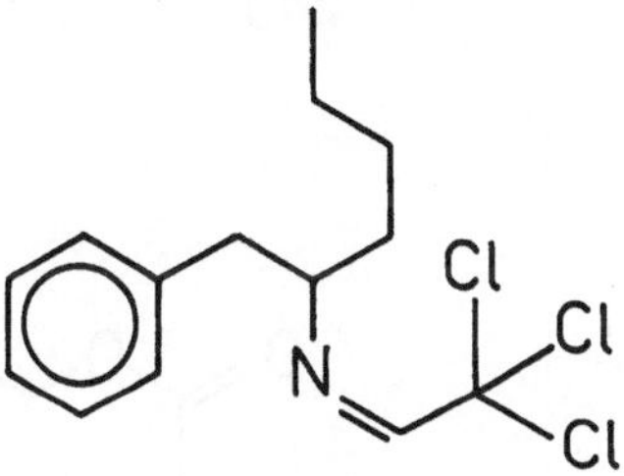

244

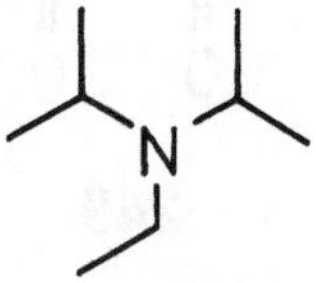

245

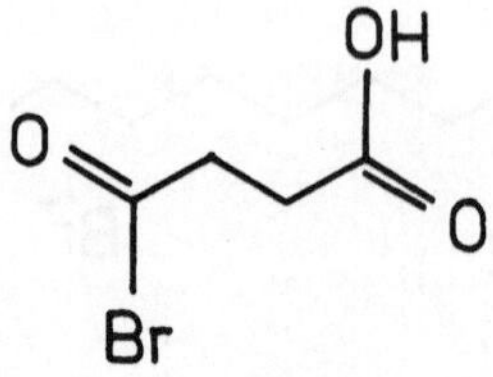

246

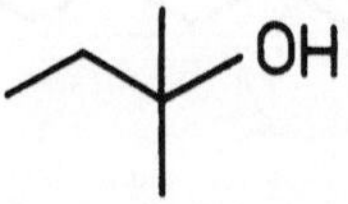

247

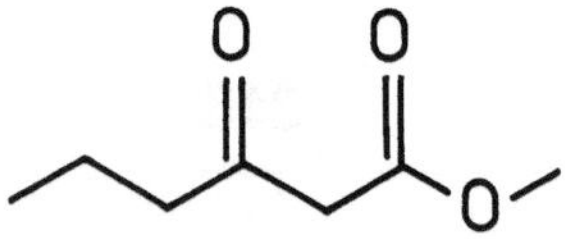

248

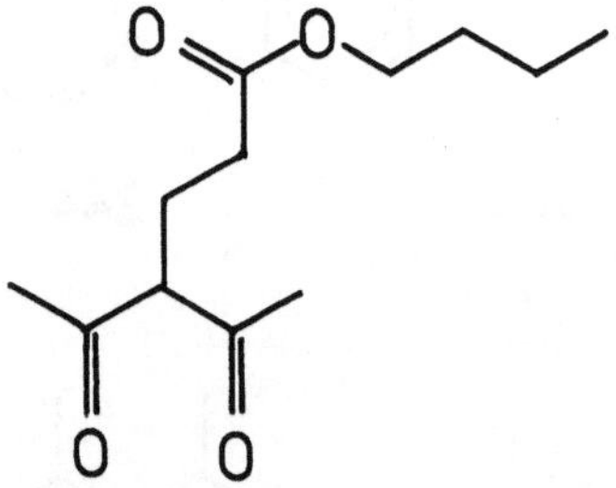

249

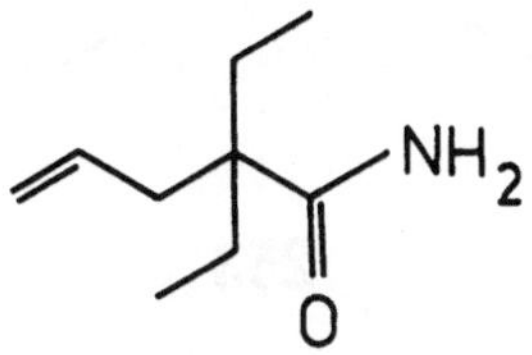

250

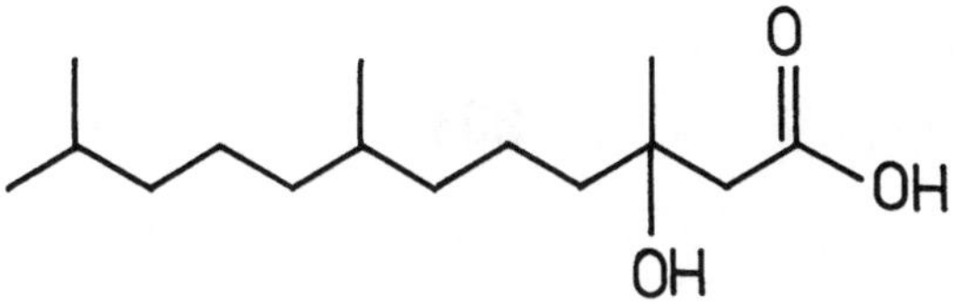

251

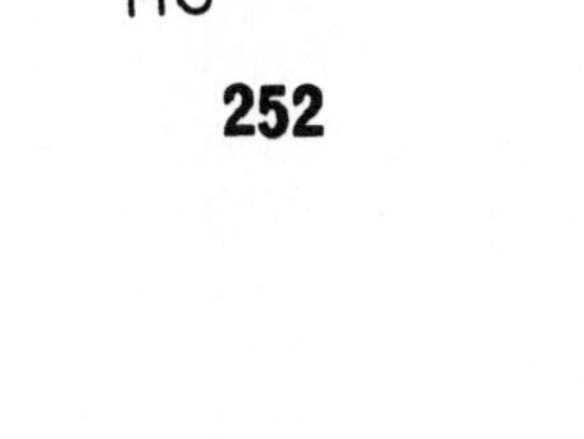

252

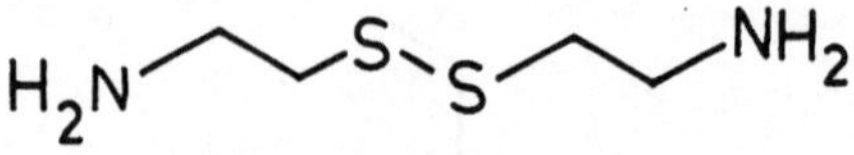

253

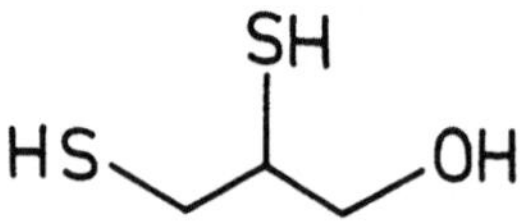

254

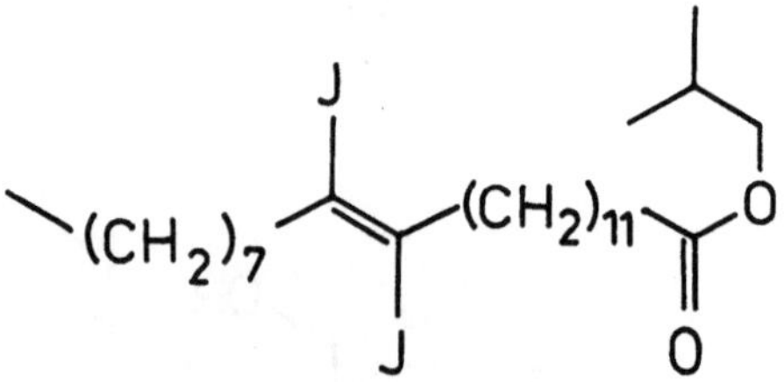

255

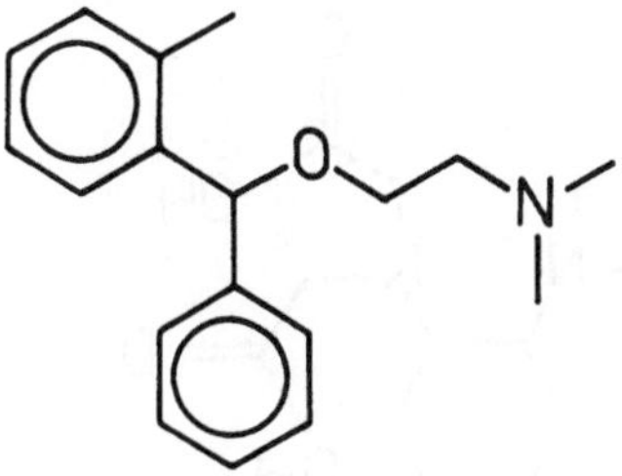

256

257

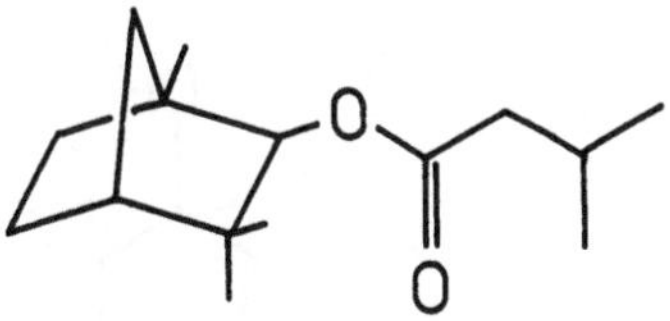

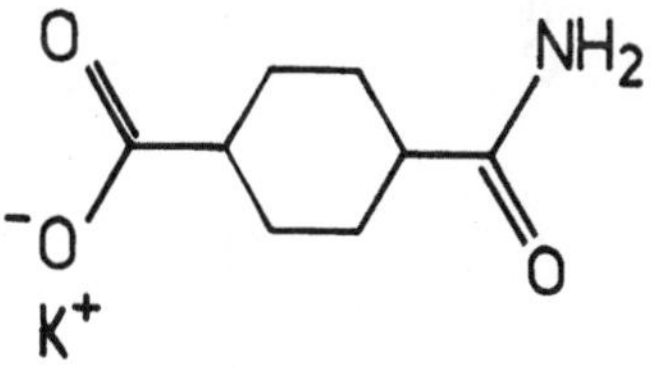

258

259

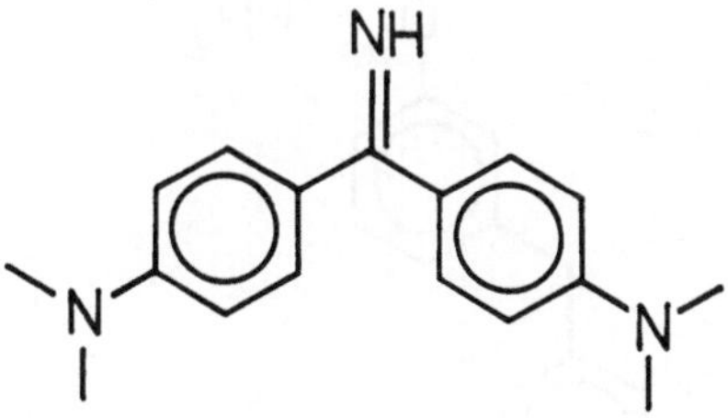

90

260

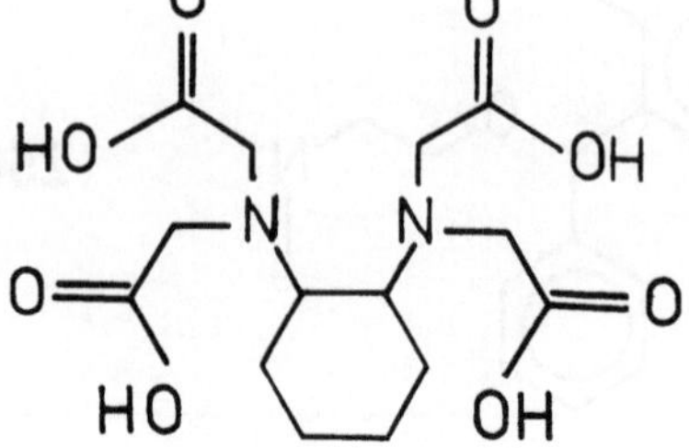

261

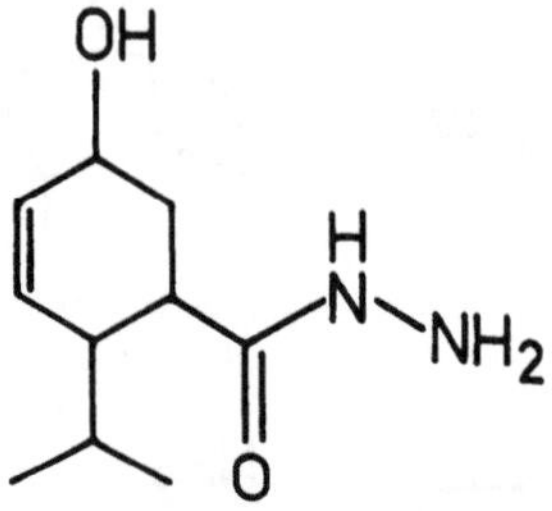

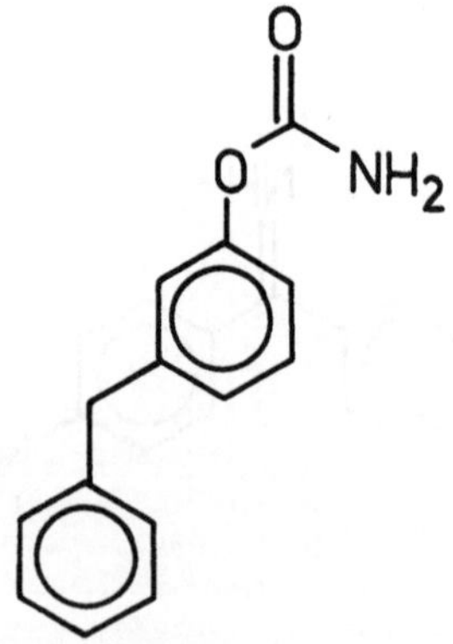

262

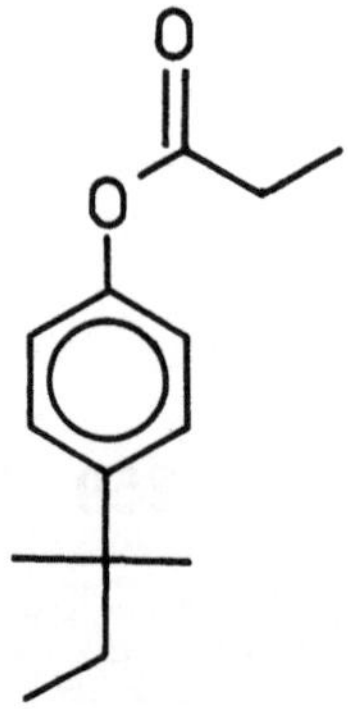

263

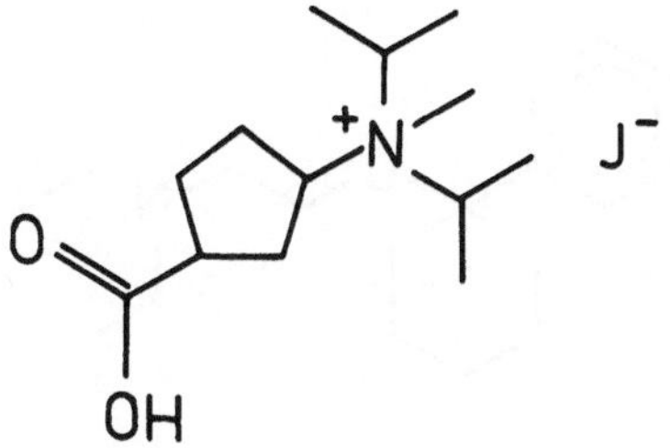

264

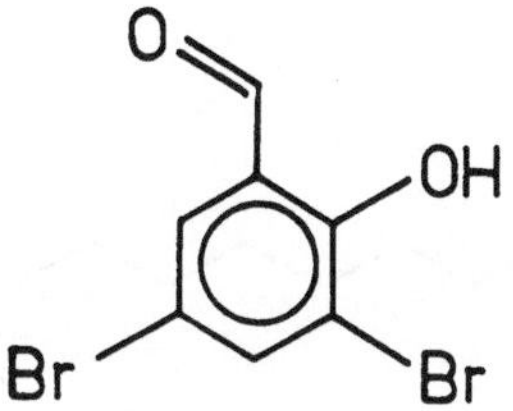

265

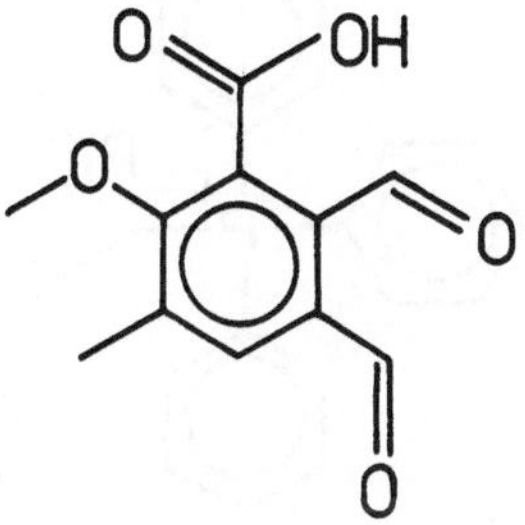

266

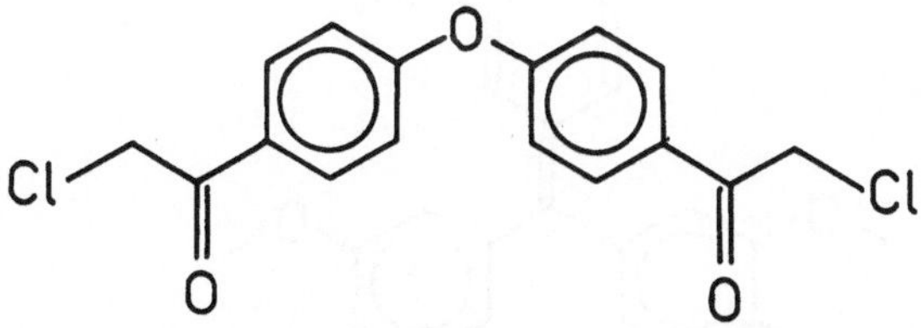

267

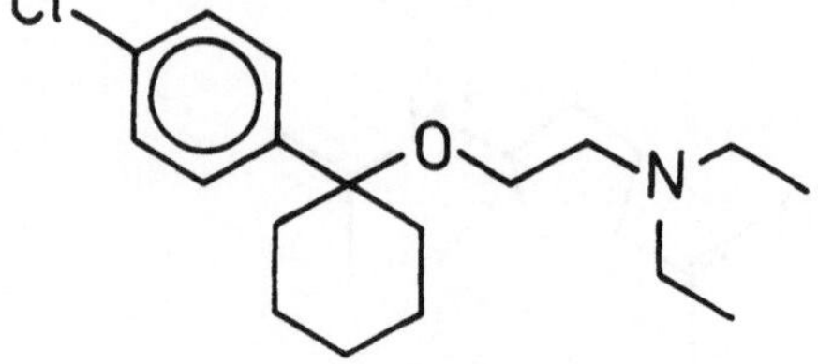

268

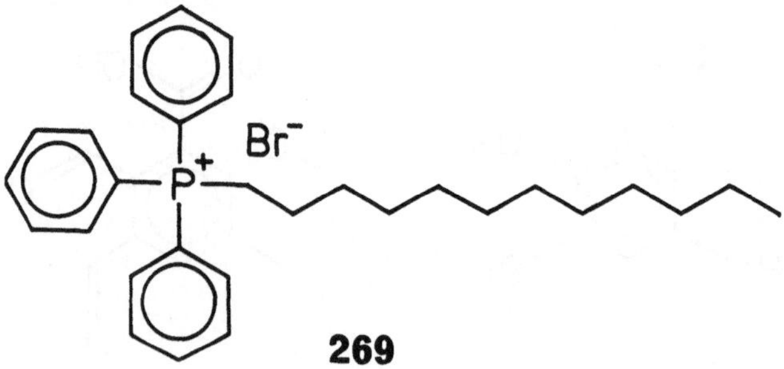

269

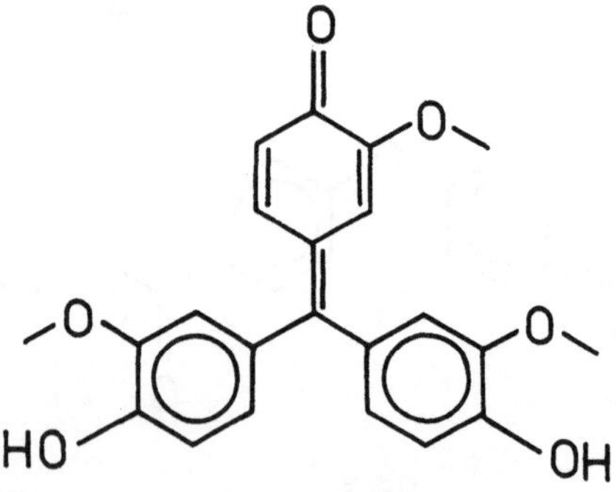

270

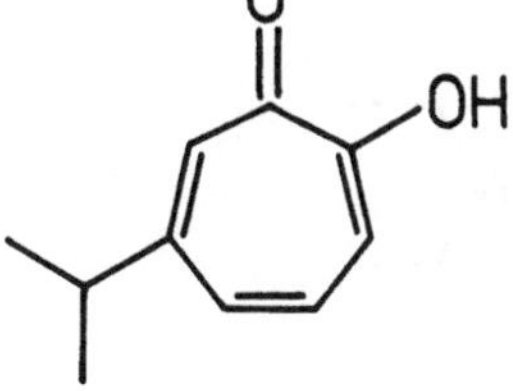

271

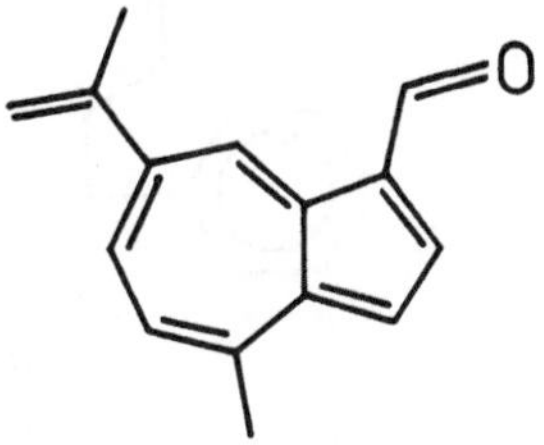

272

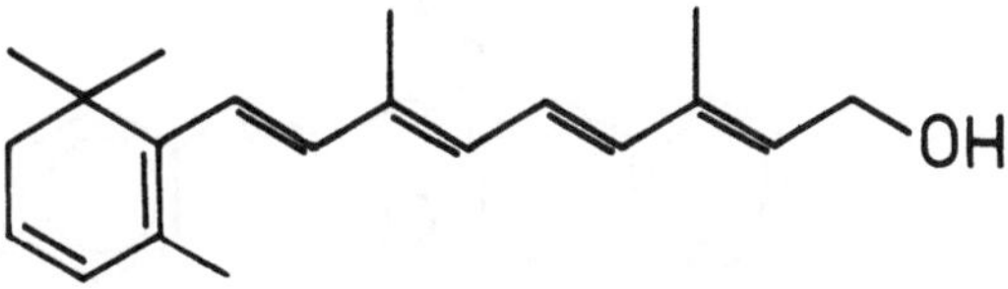

273

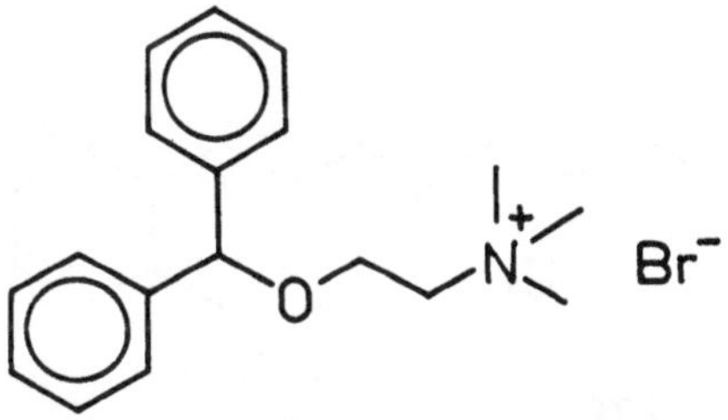

274

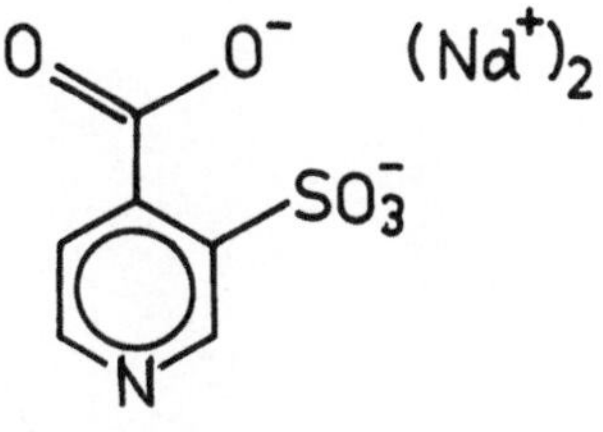

275

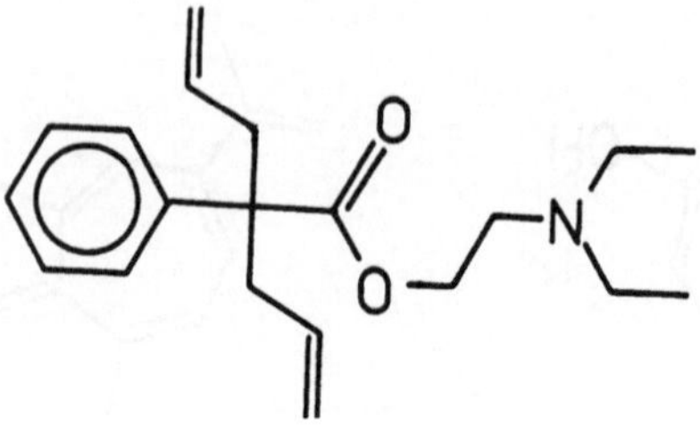

94

276

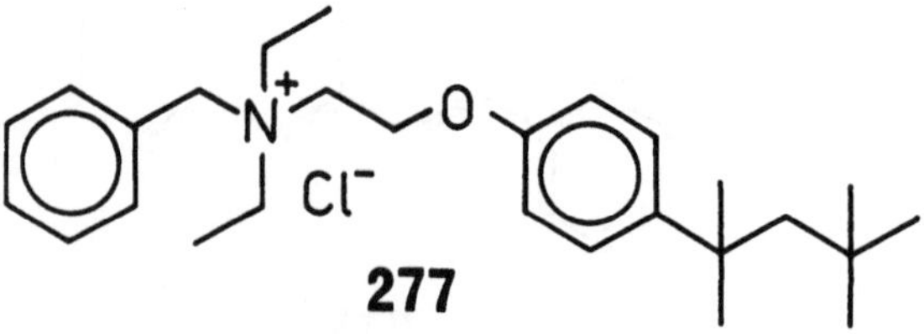

277

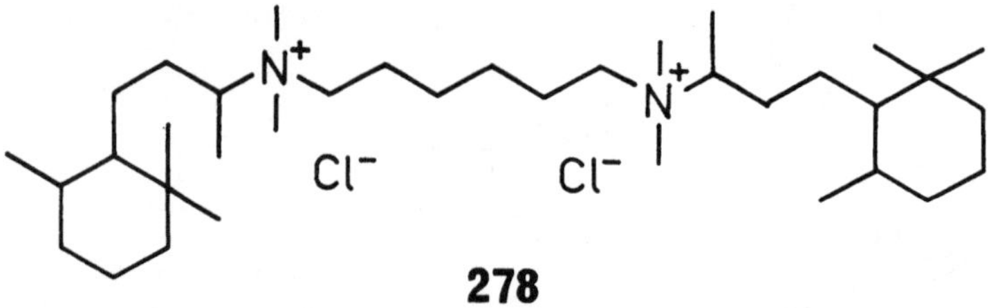

278

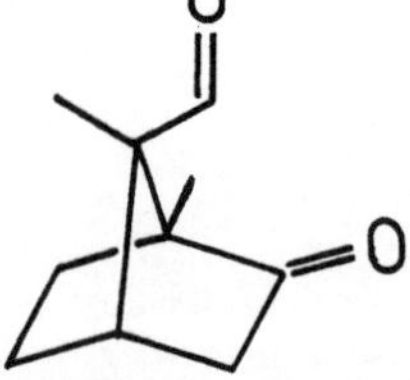

279

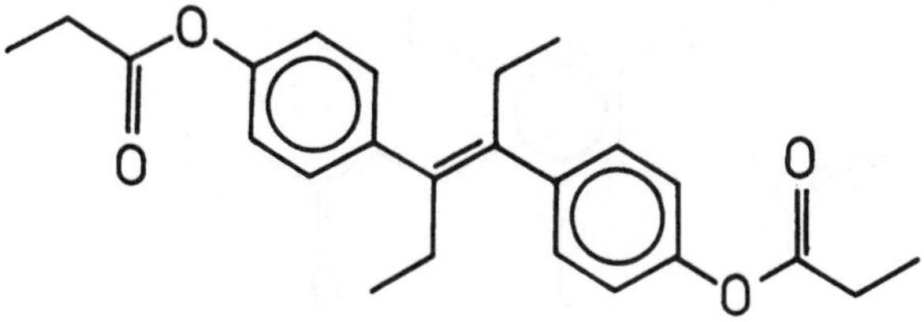

280

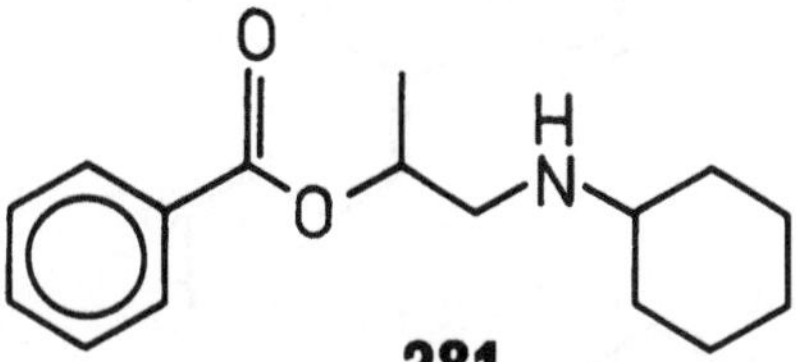

281

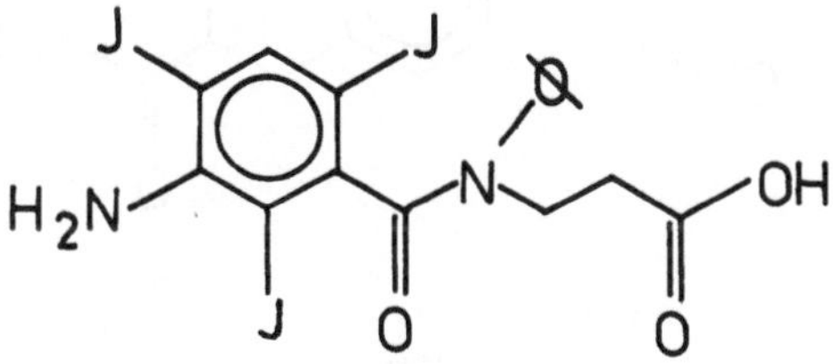

282

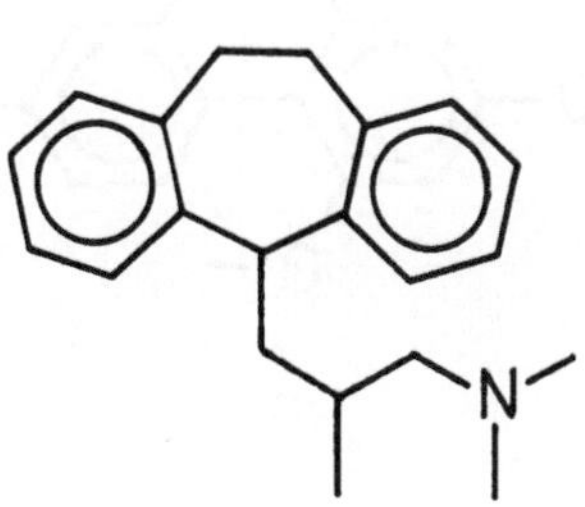

283

96

284

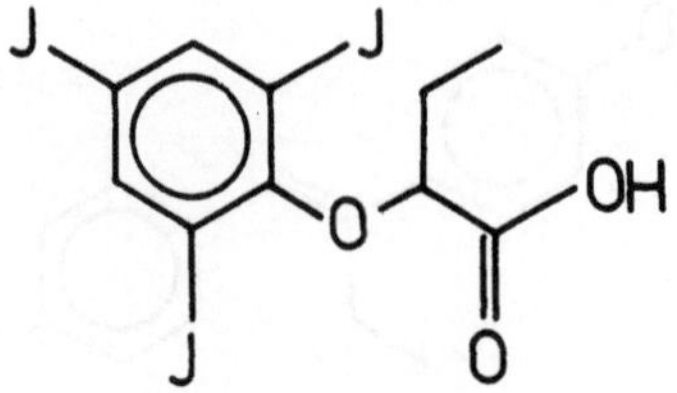

285

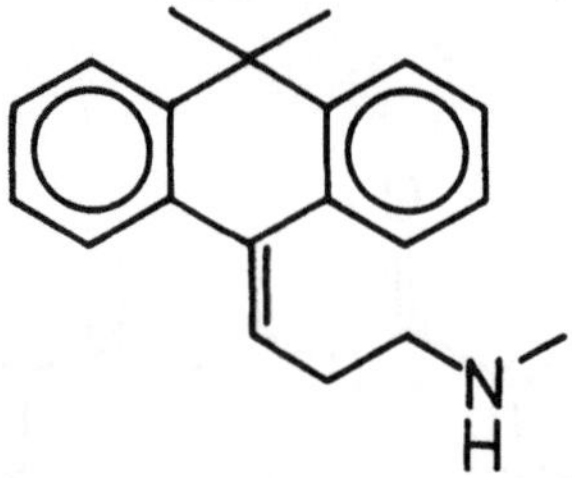

286

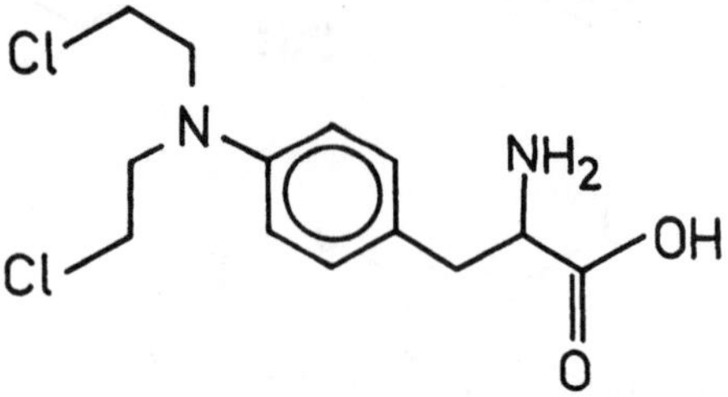

287

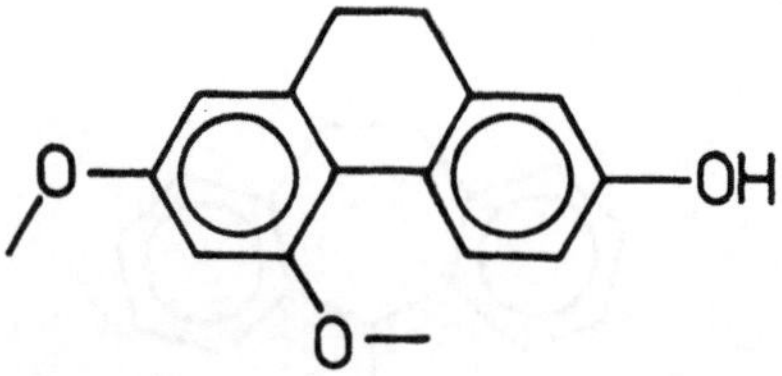

288

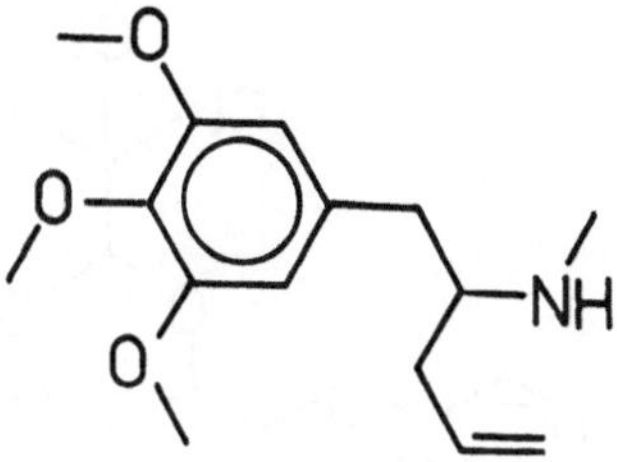

289

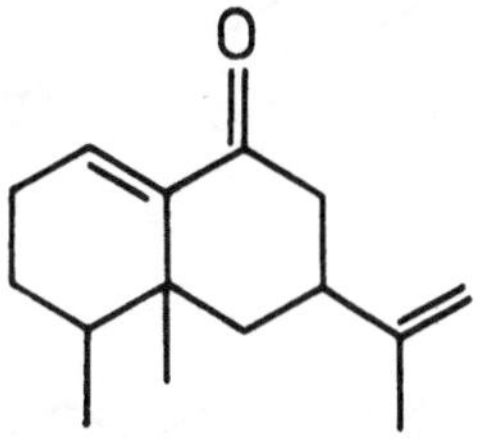

290

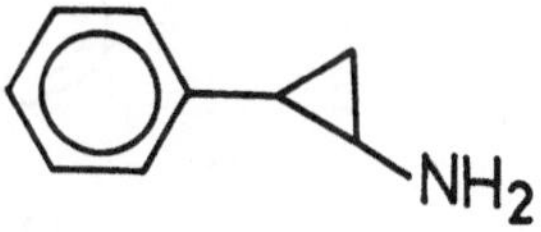

291

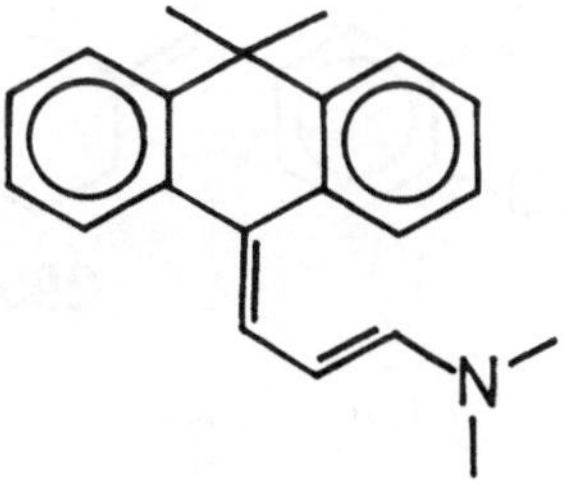

292

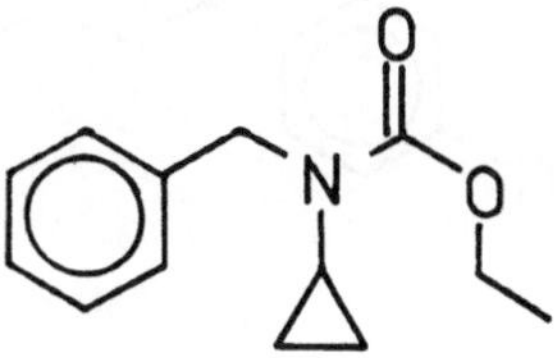

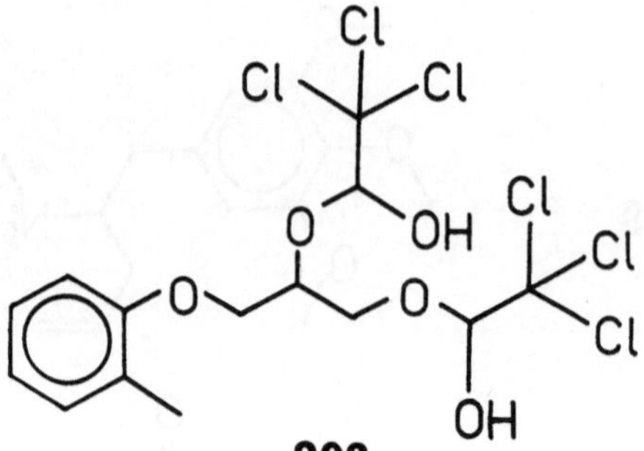

98

293

294

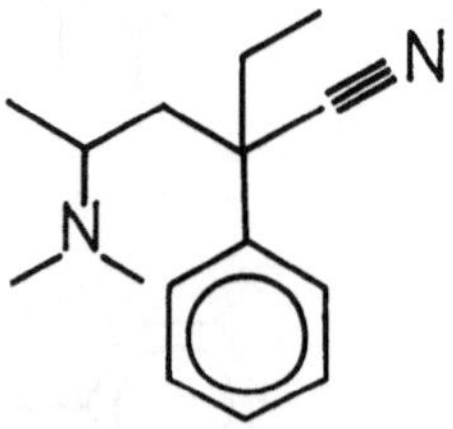

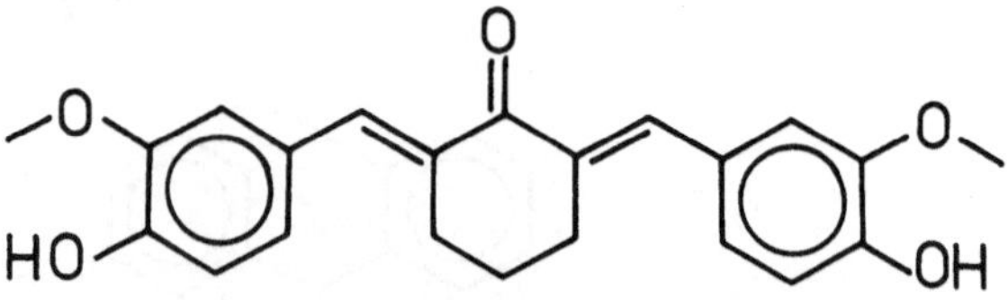

295

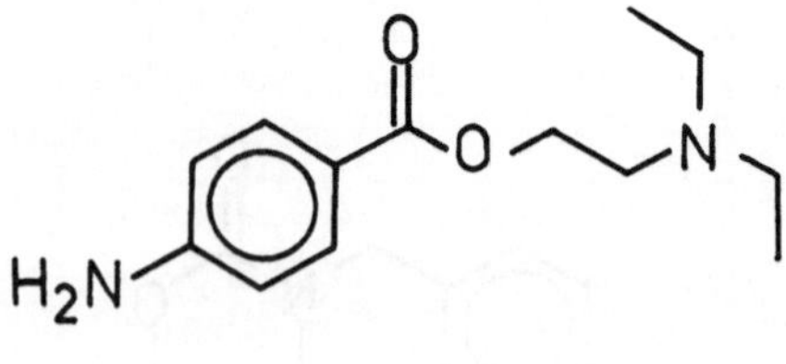

296

297

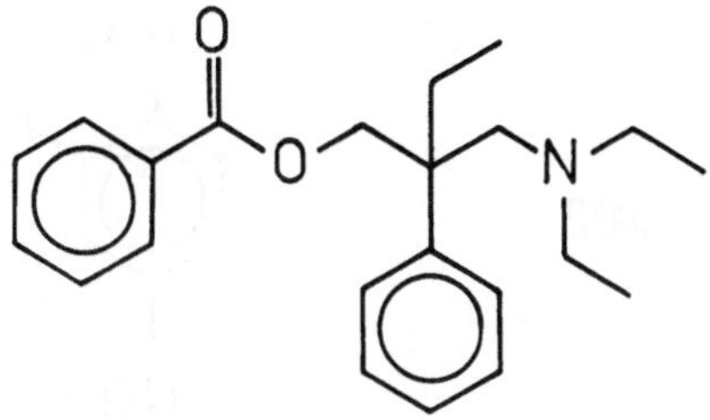

298

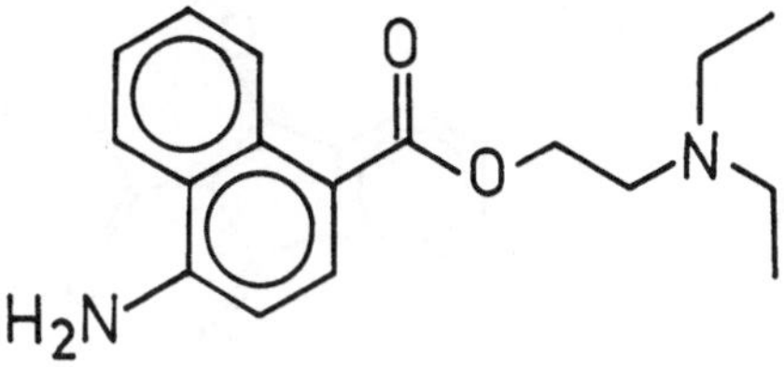

299

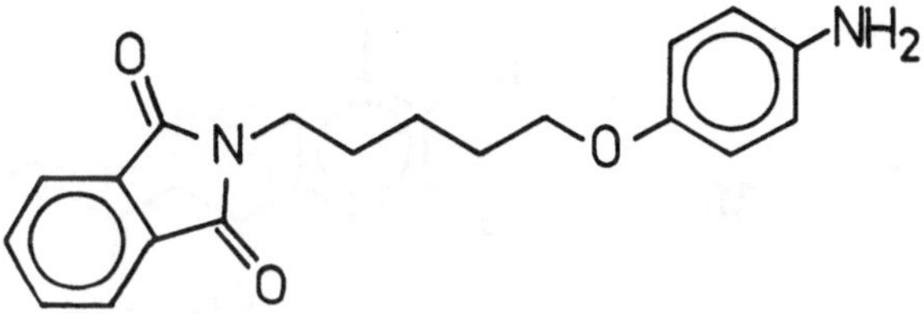

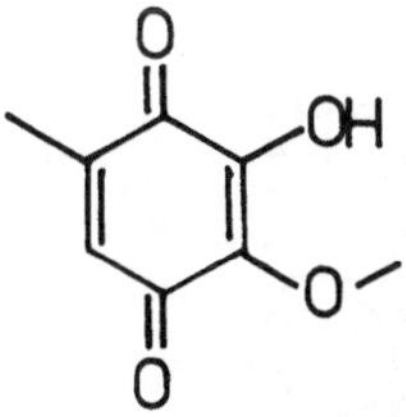

300

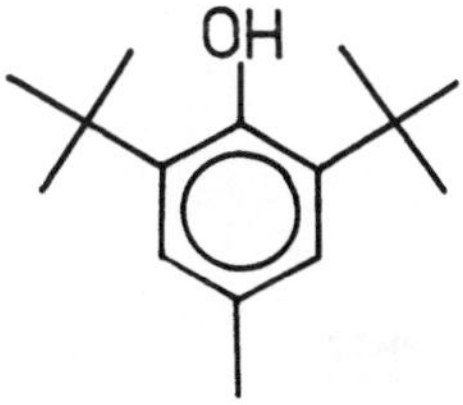

301

302

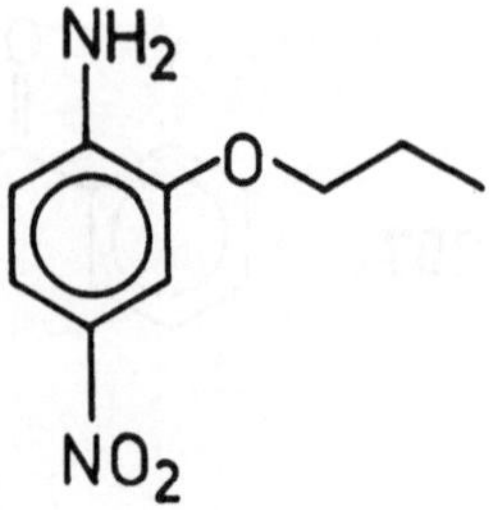

303

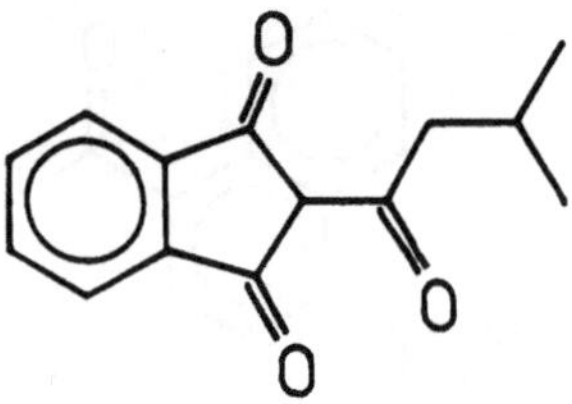

304

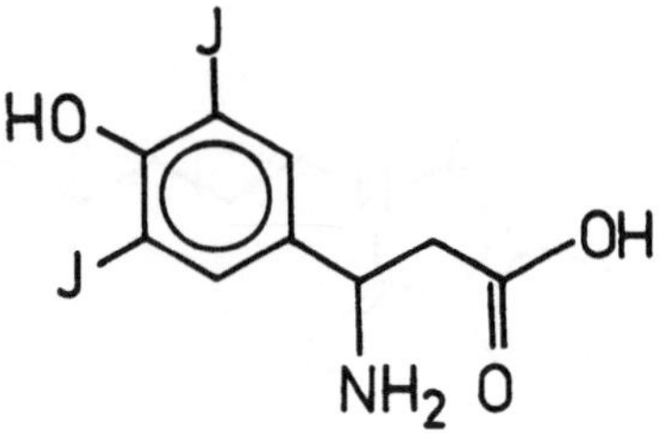

305

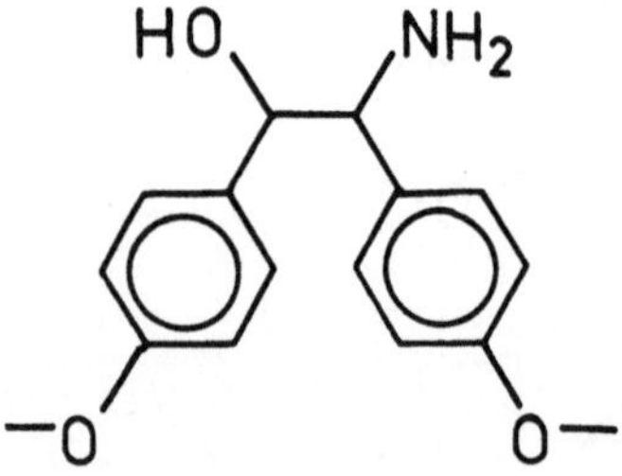

306

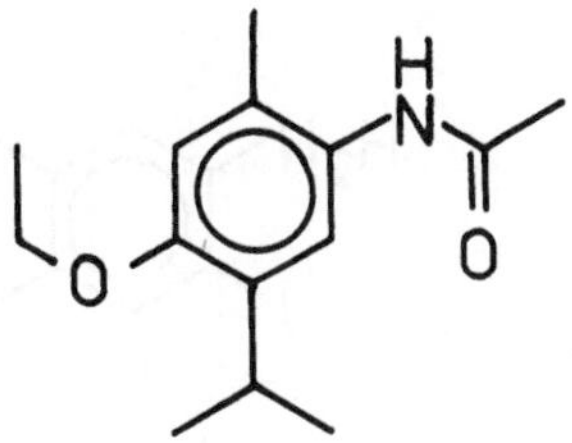

307

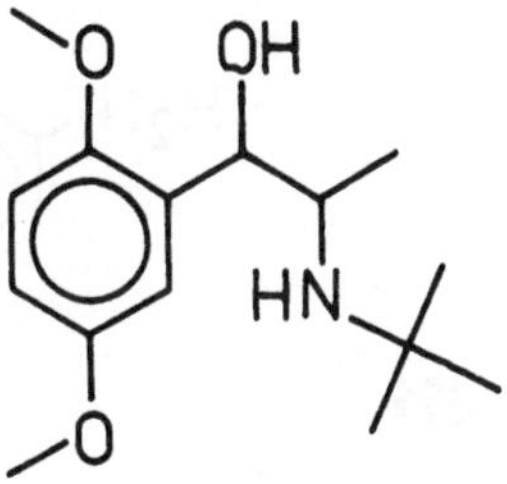

308

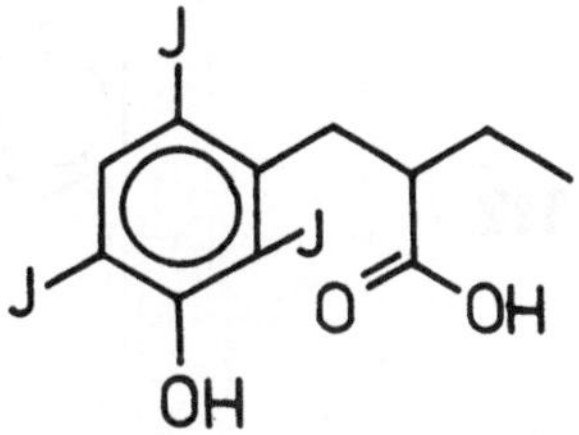

309

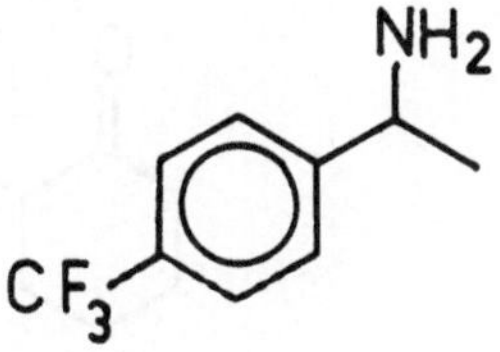

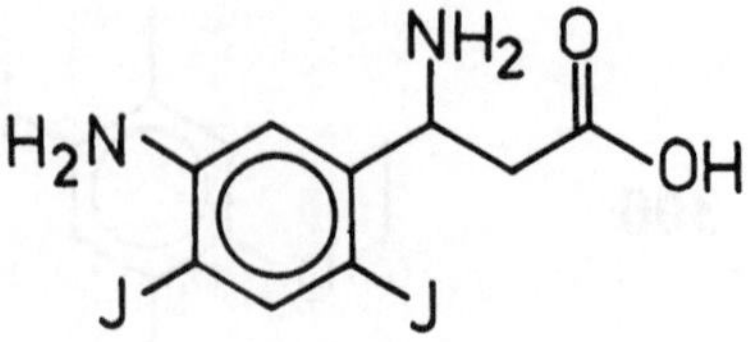

310

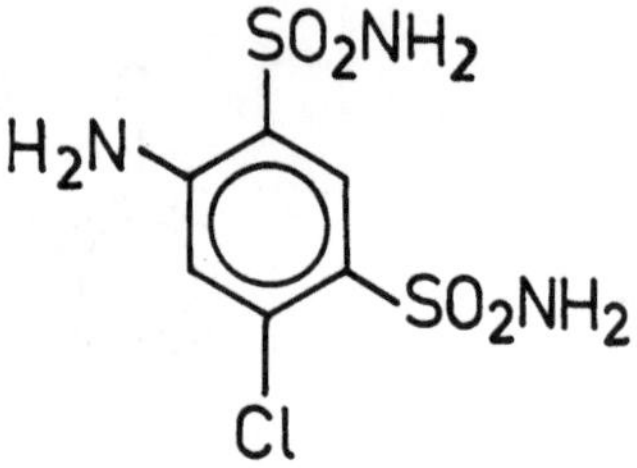

311

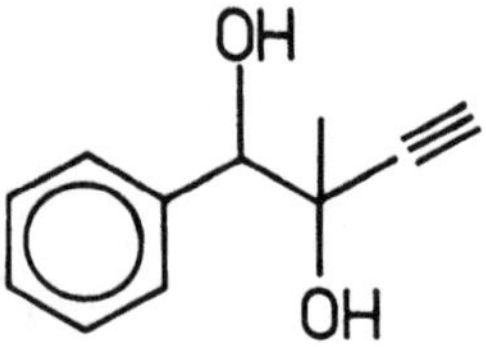

312

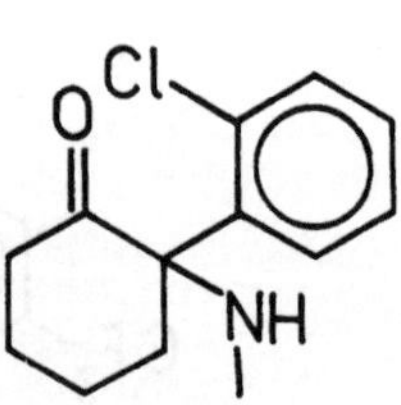

313

314

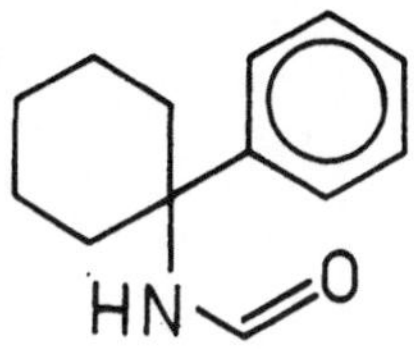

315

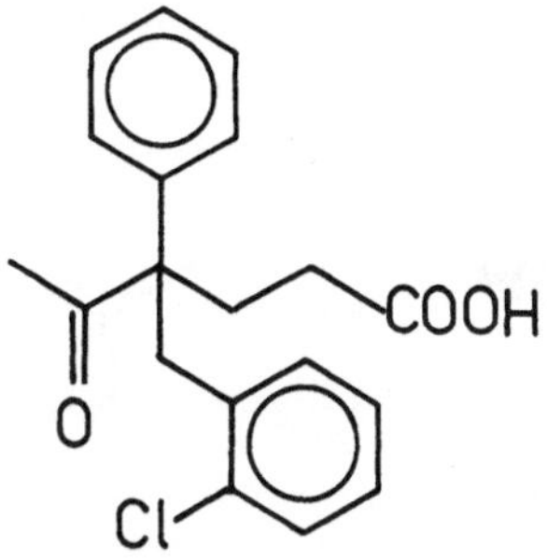

316

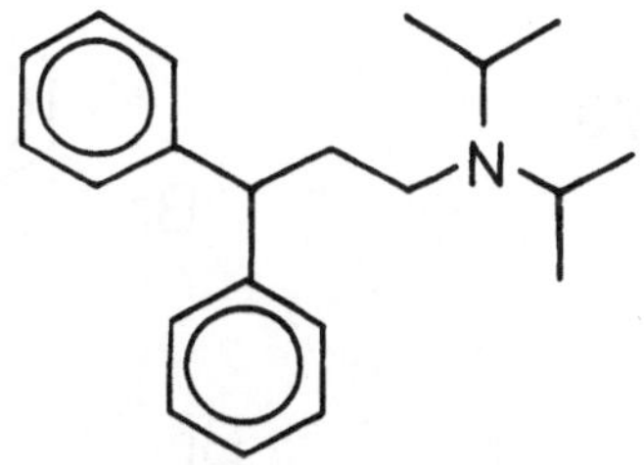

317

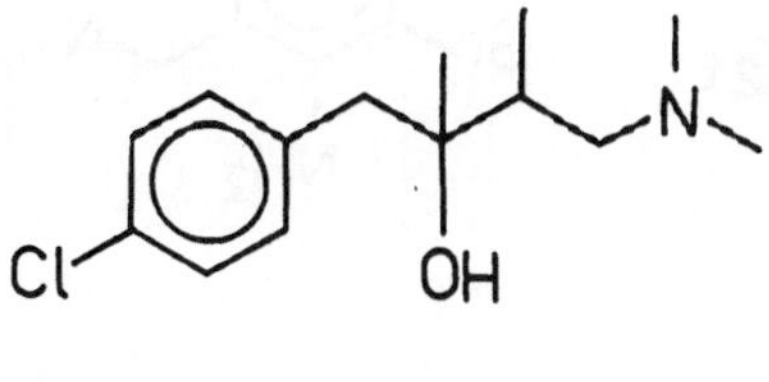

104

318

319

320

321

322

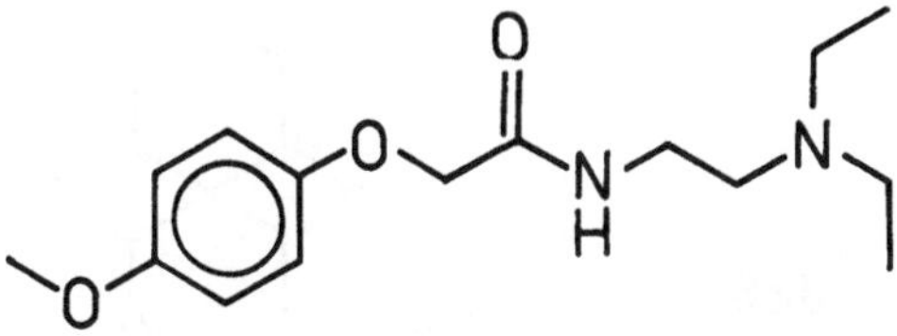

323

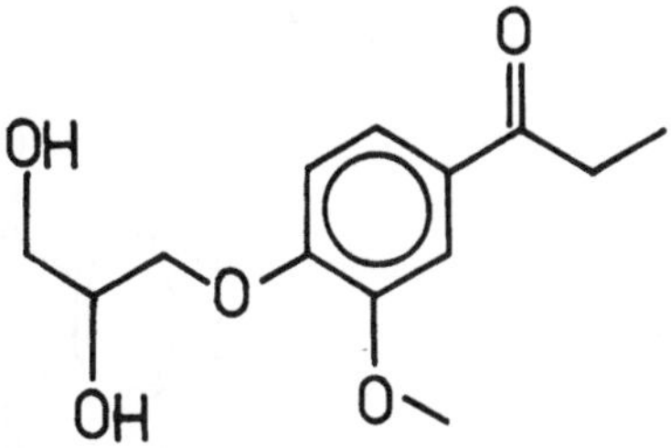

324

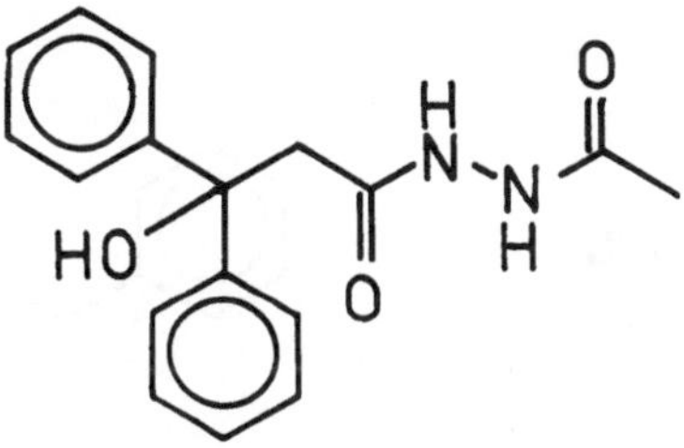

325

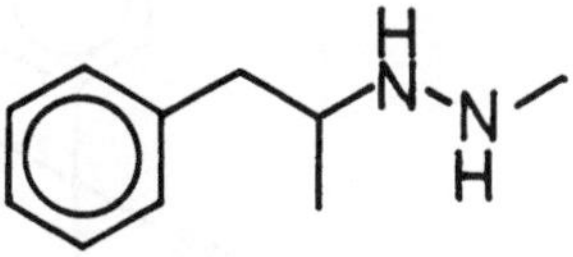

106

326

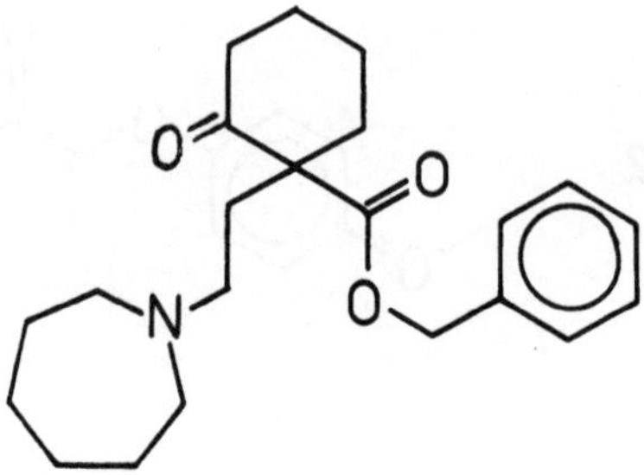

327

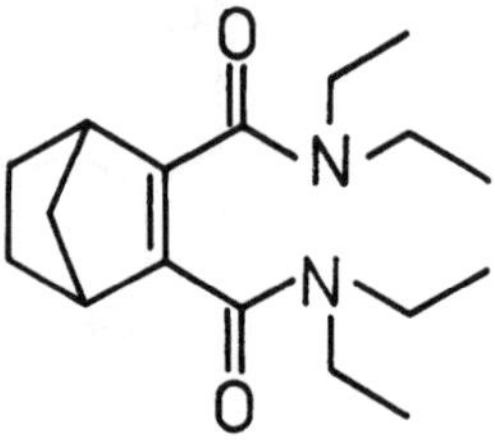

328

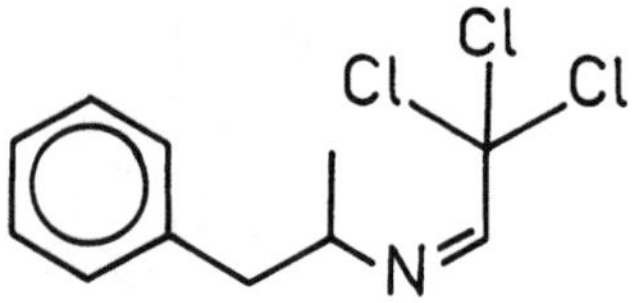

329

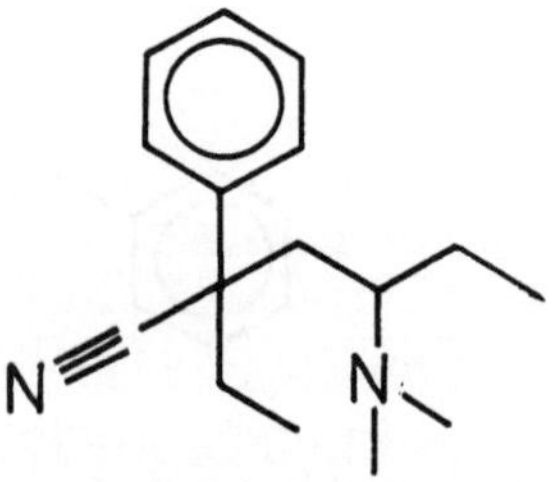

330

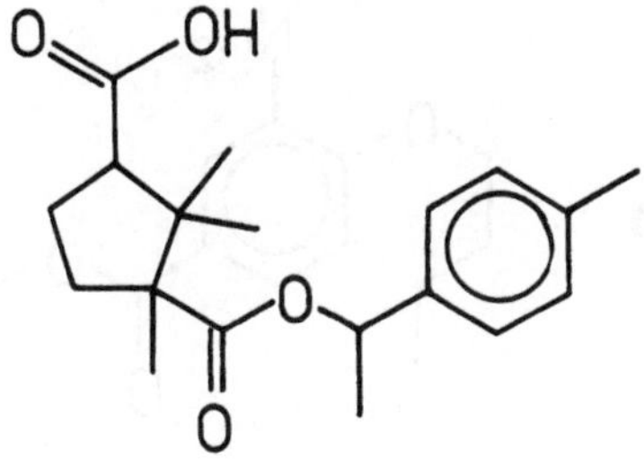

331

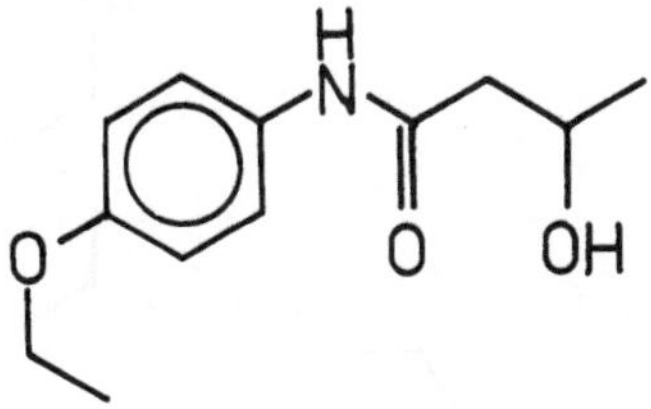

332

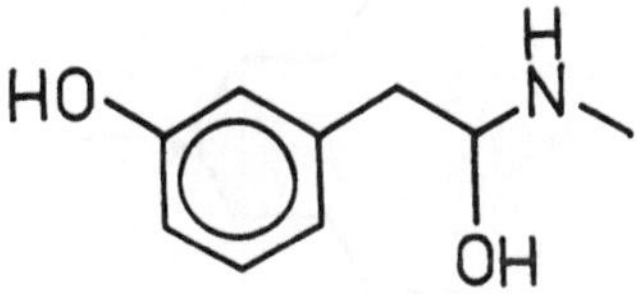

333

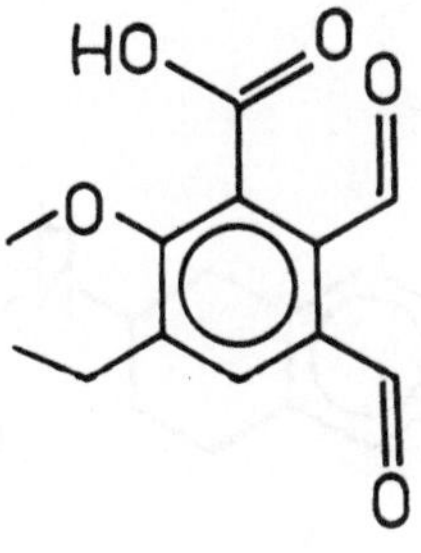

108

334

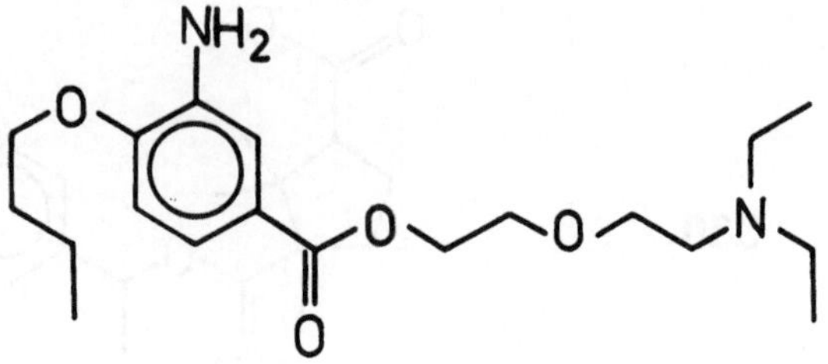

335

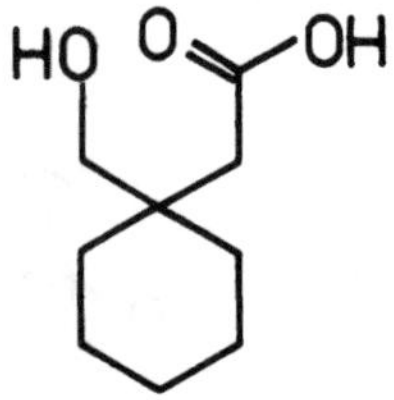

336

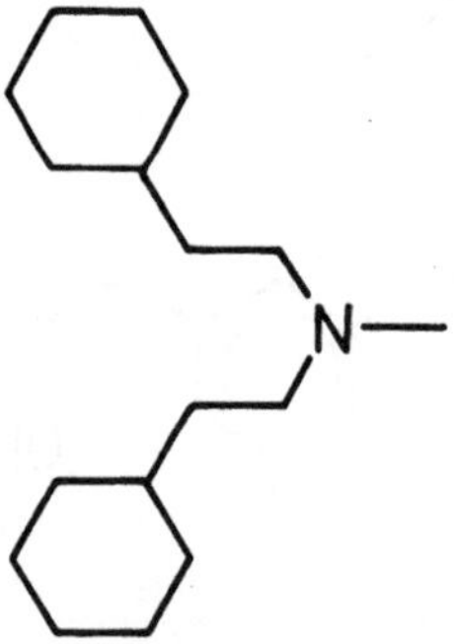

337

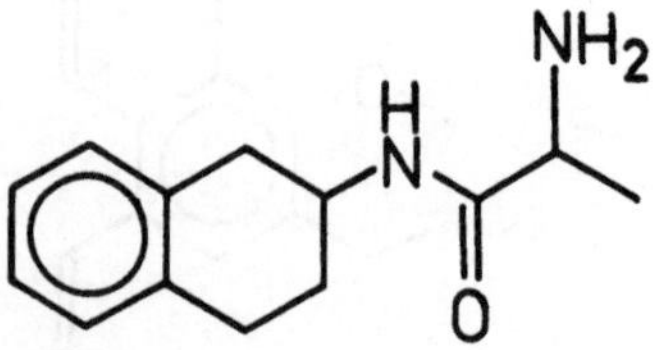

338

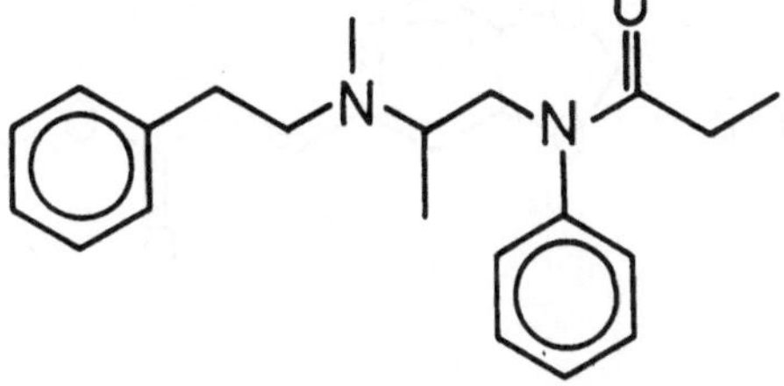

339

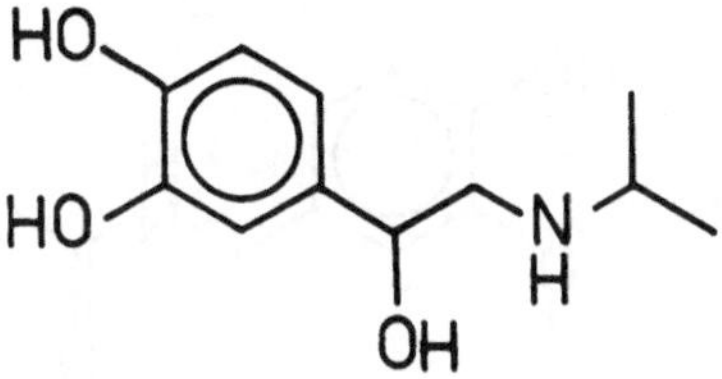

340

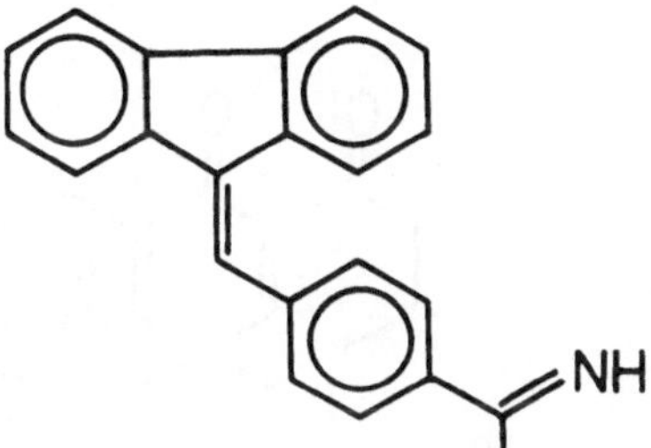

341

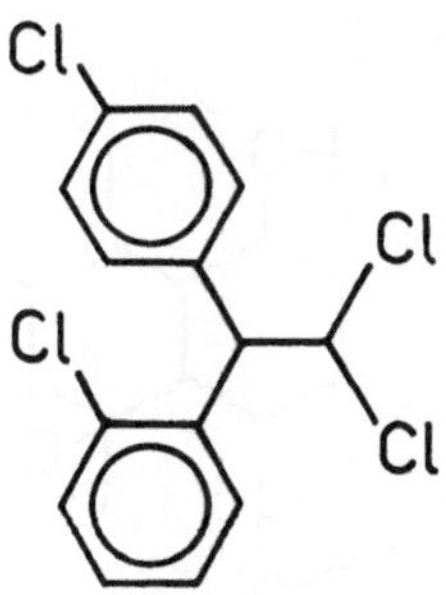

342

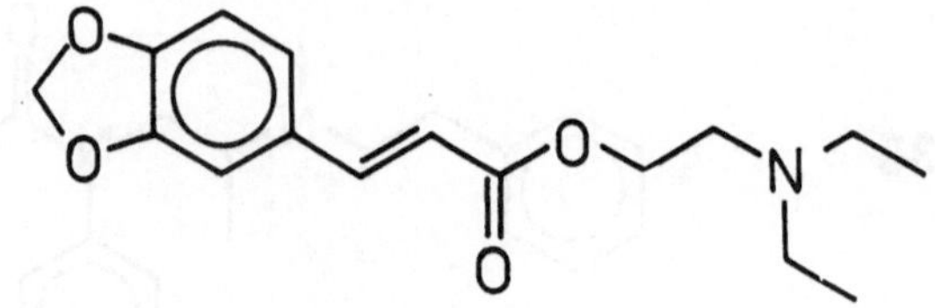

343

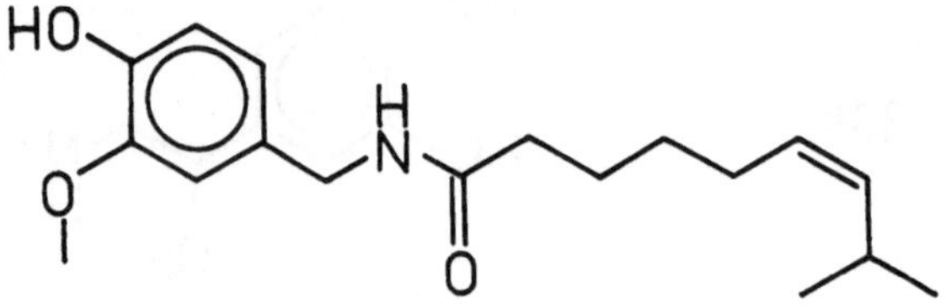

344

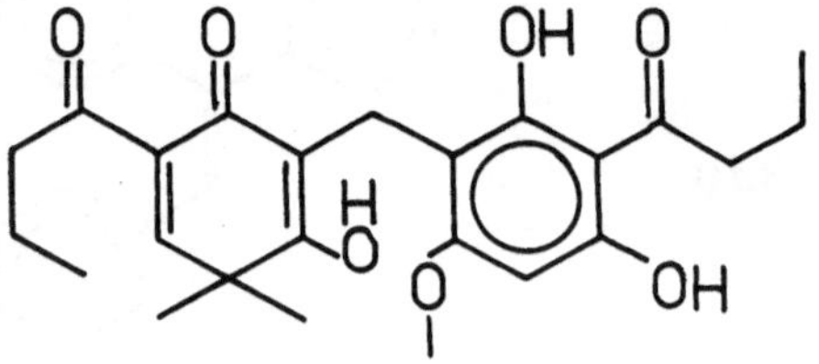

345

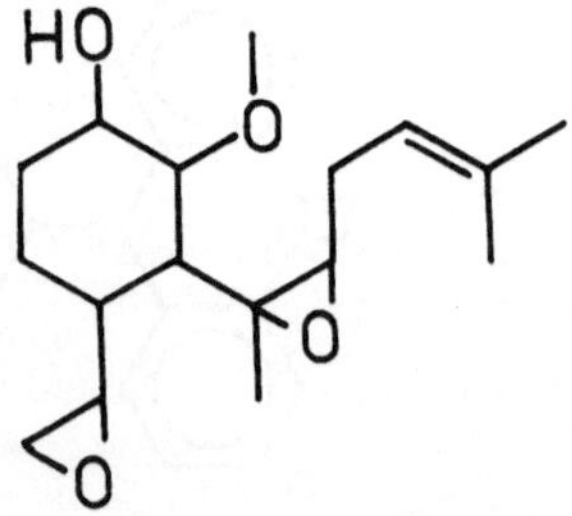

346

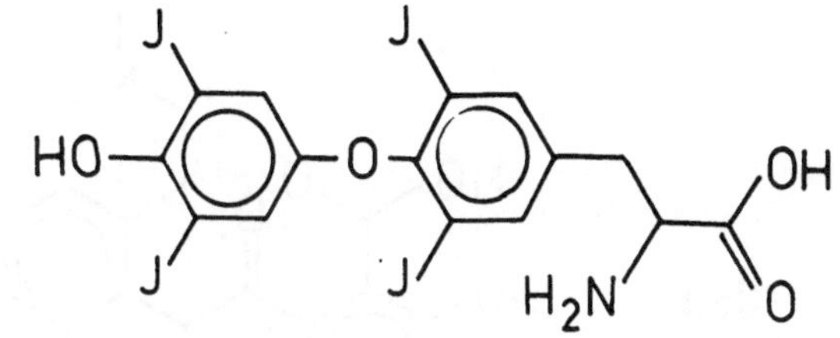

347

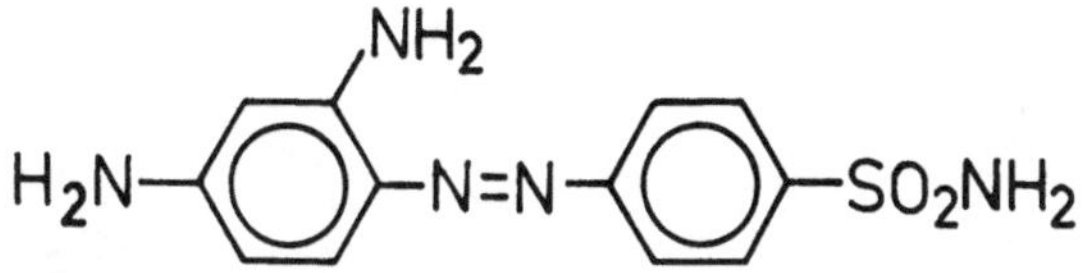

348

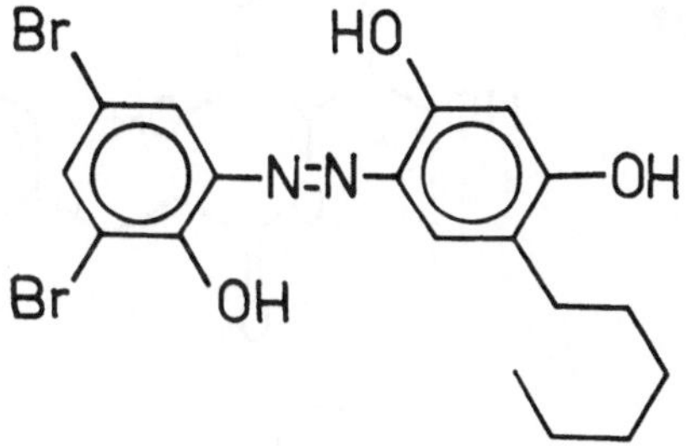

349

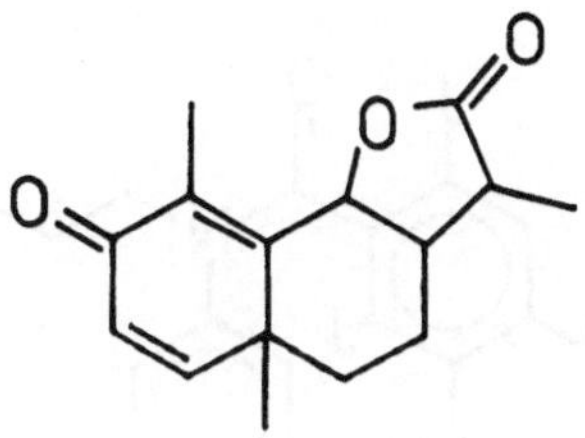

112

350

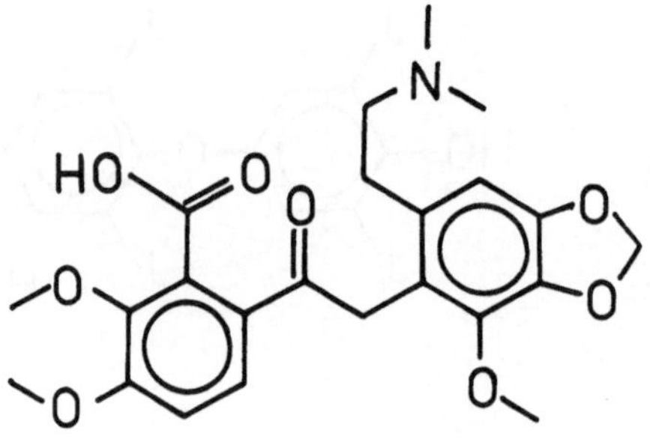

351

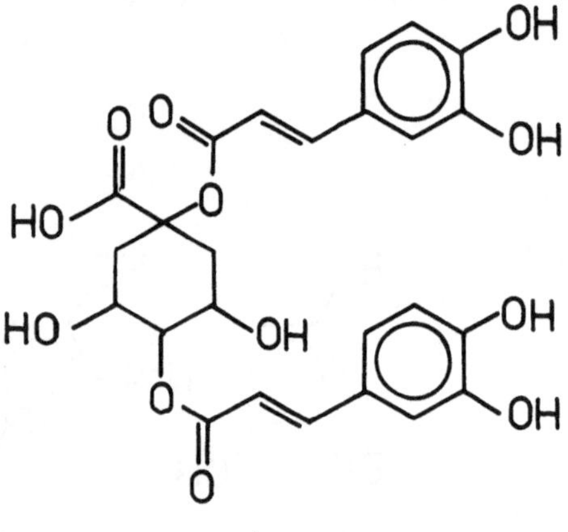

352

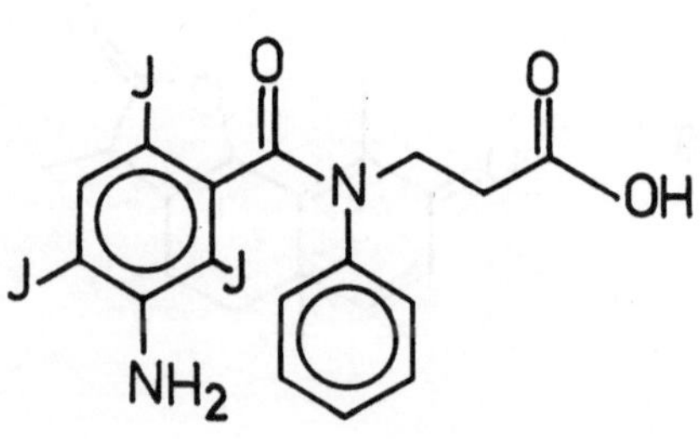

353

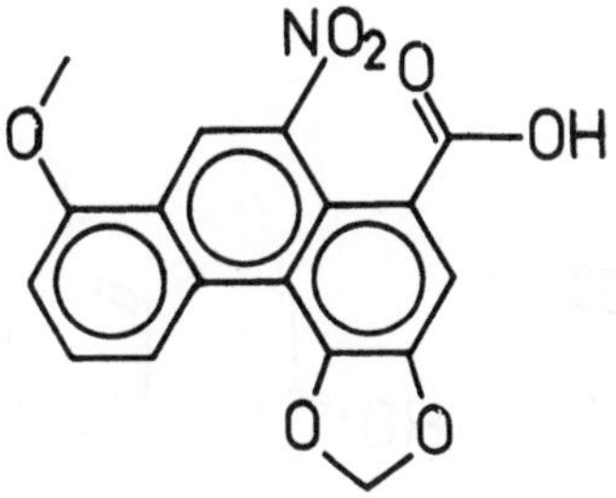

354

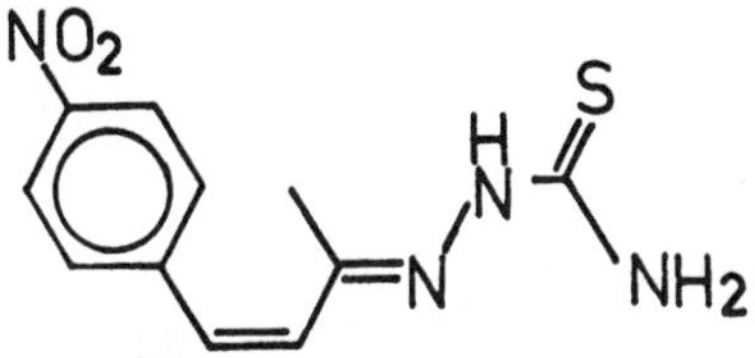

355

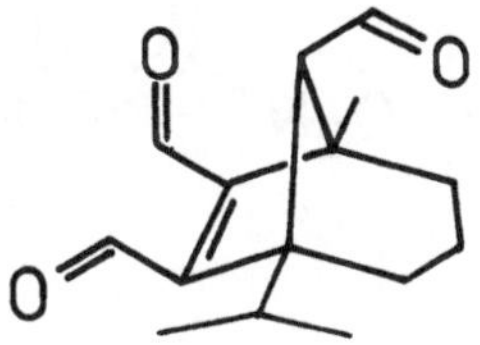

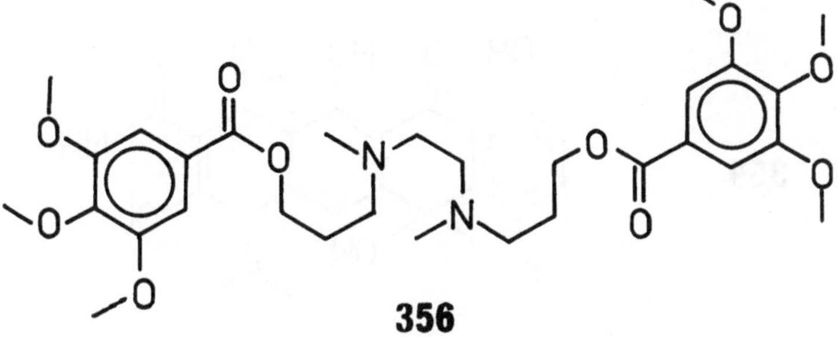

356

114

357

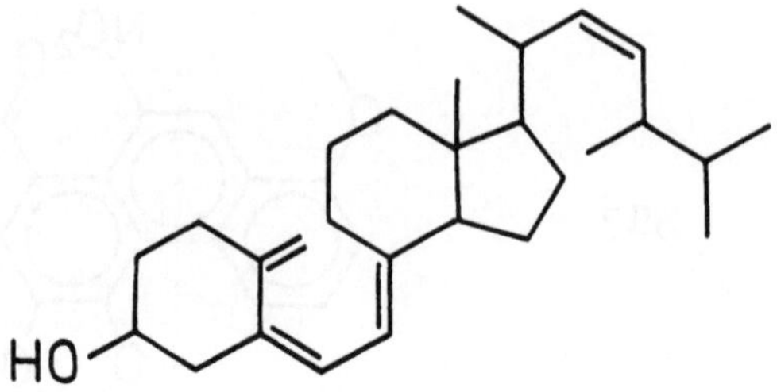

358

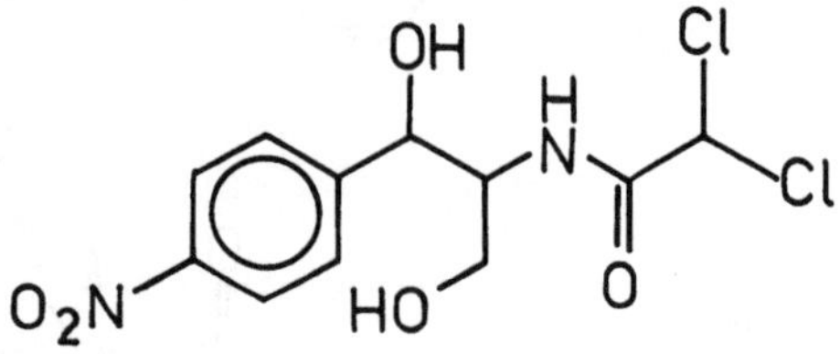

359

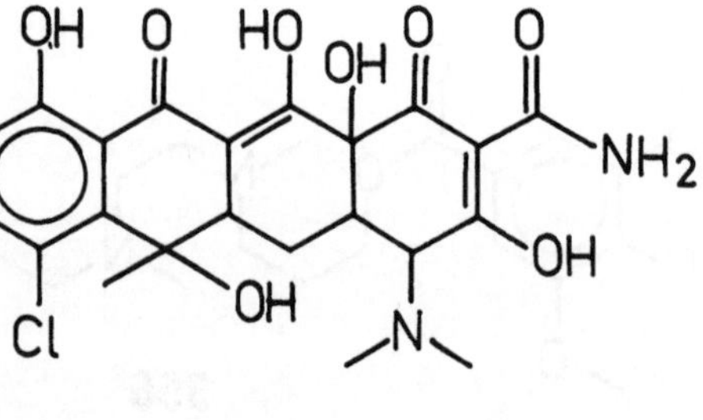

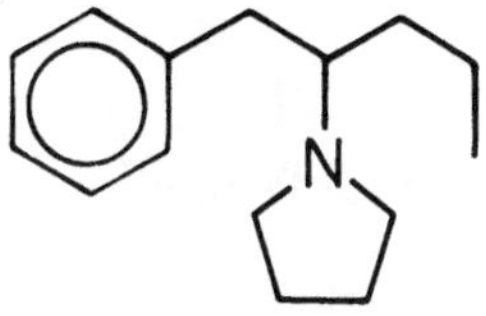

115

360

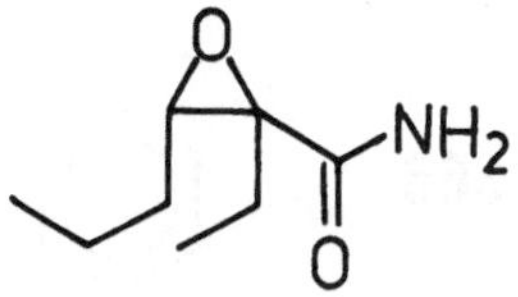

361

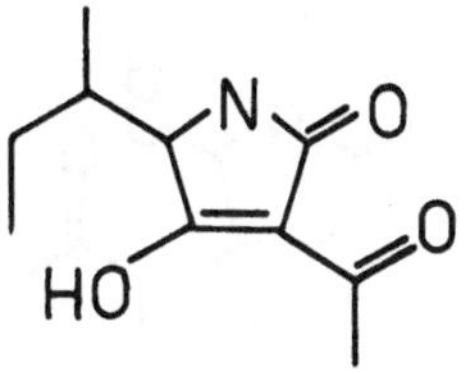

362

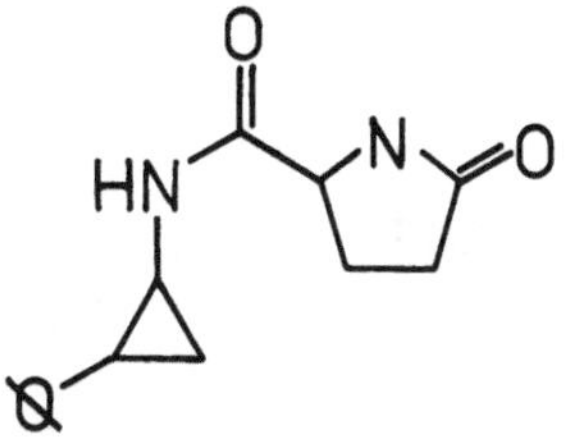

363

364

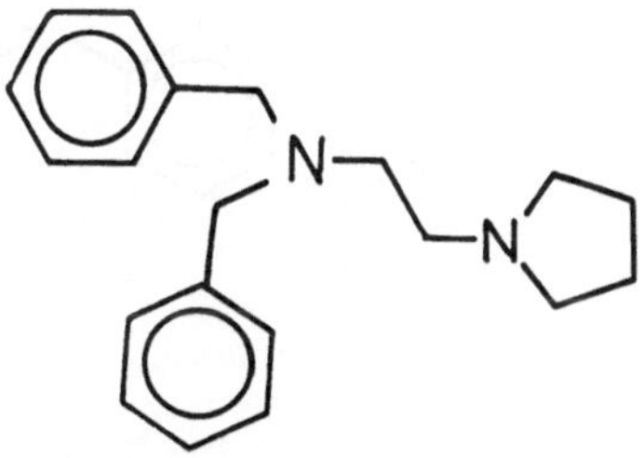

365

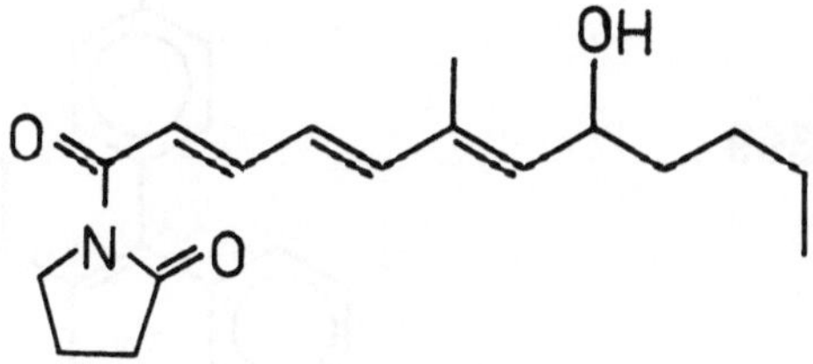

116

366

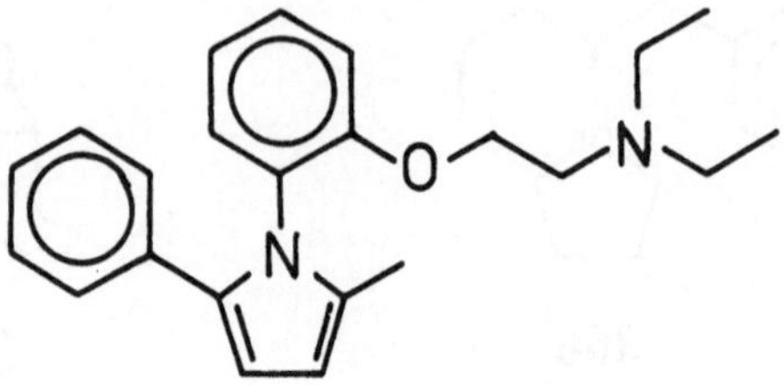

367

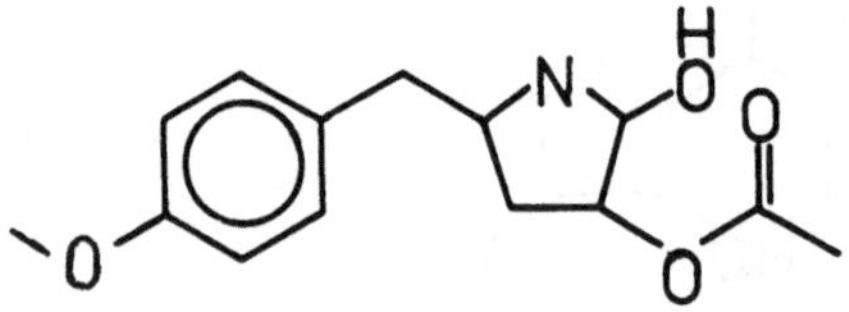

368

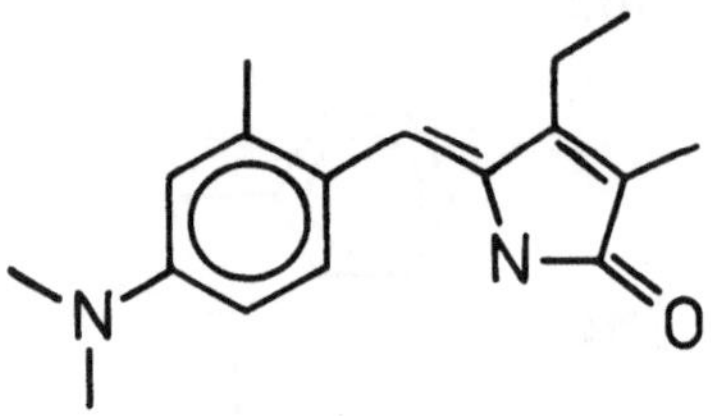

369

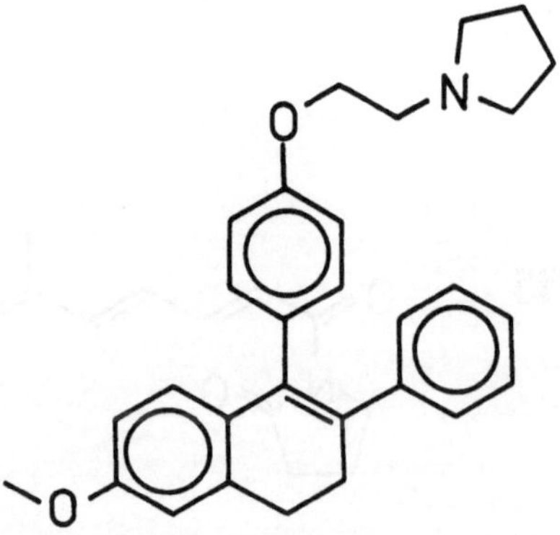

370

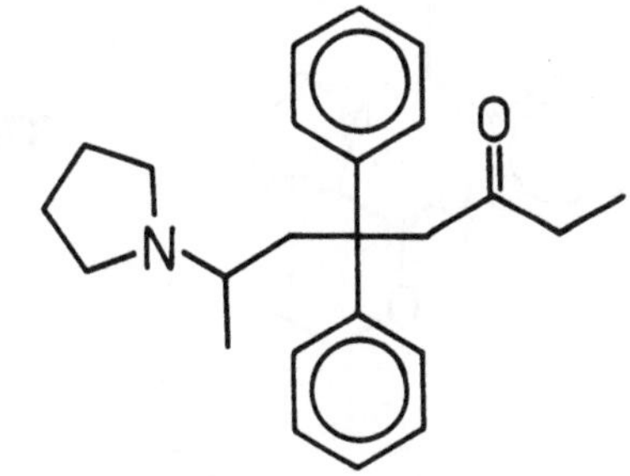

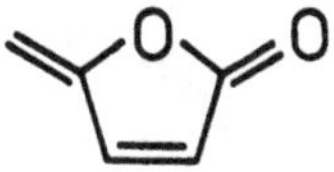

371

372

373

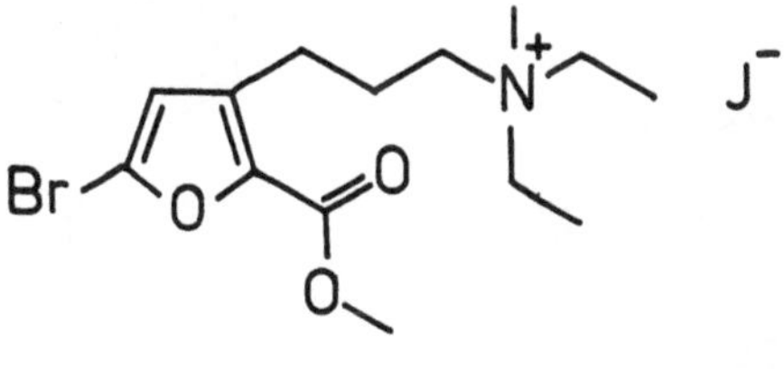

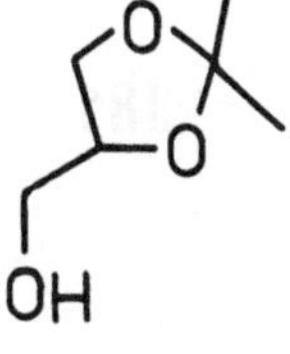

374

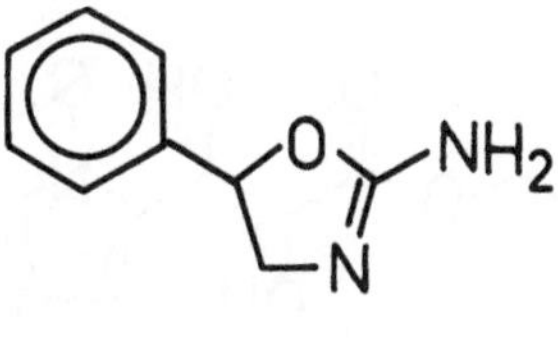

375

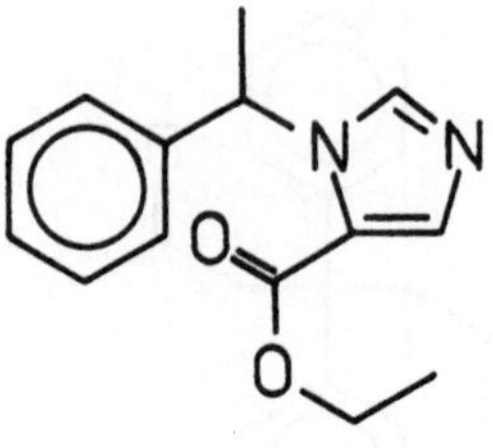

118

376

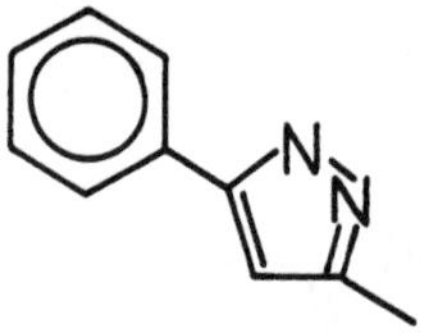

377

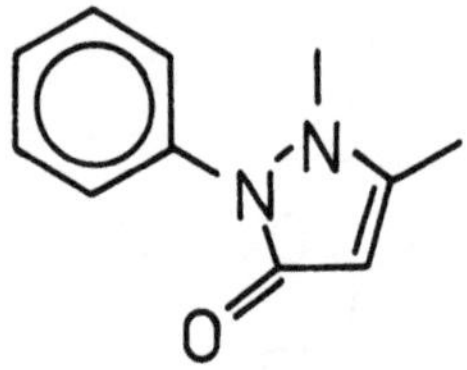

378

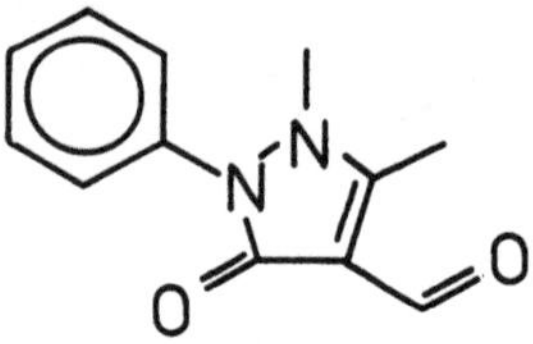

379

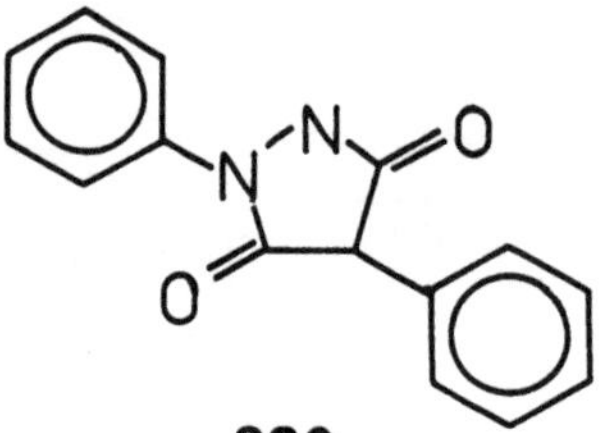

380

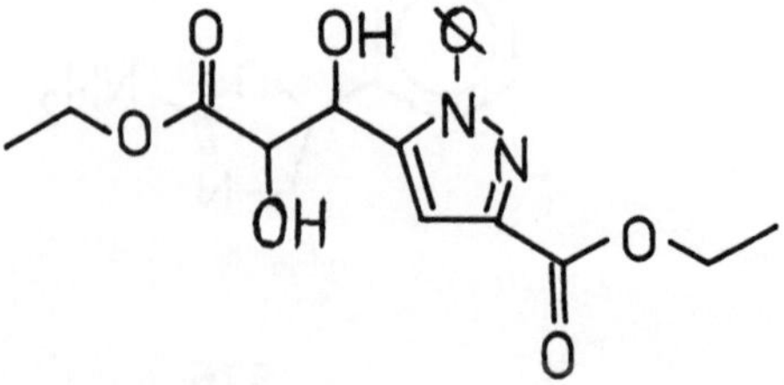

381

382

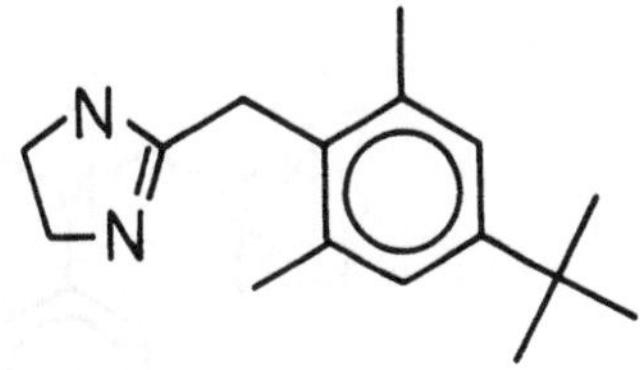

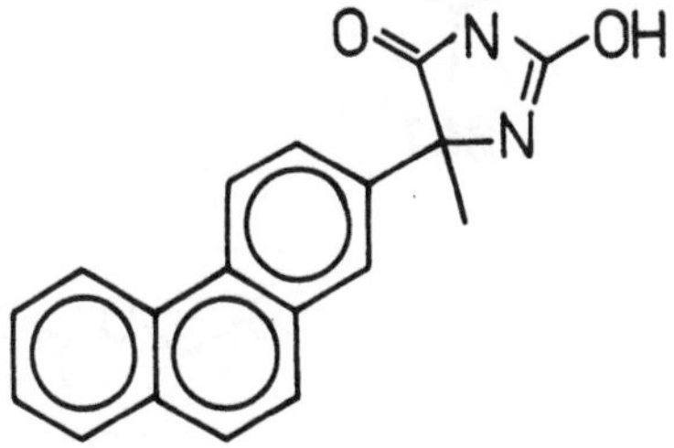

383

384

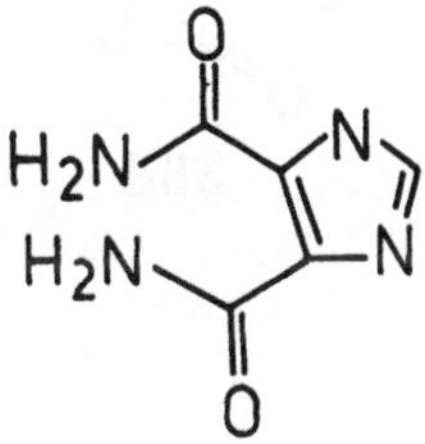

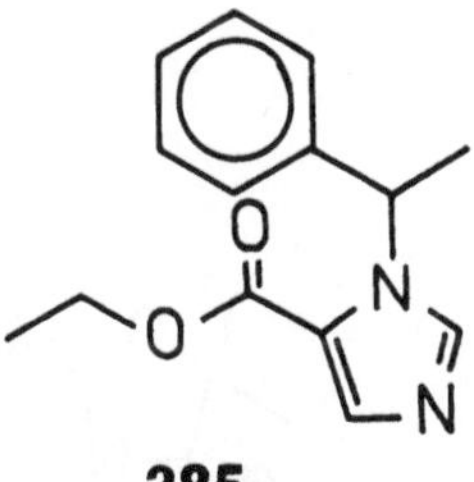

385

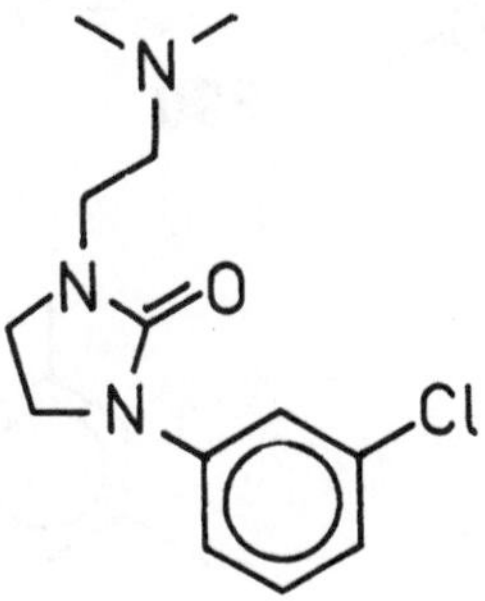

386

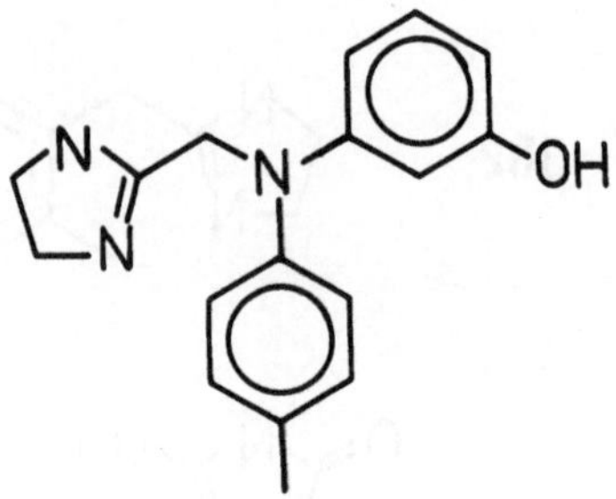

387

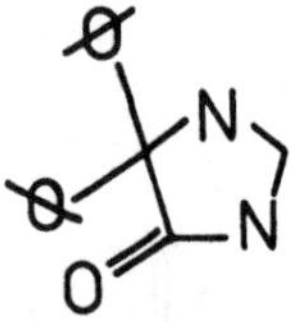

388

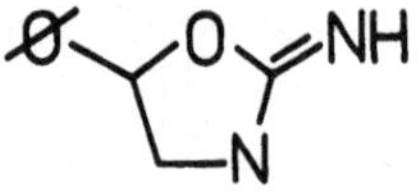

389

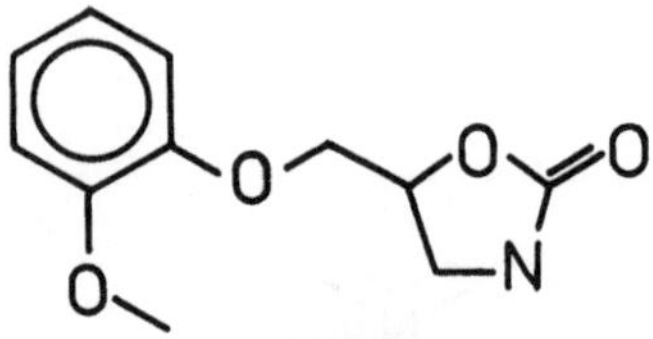

390

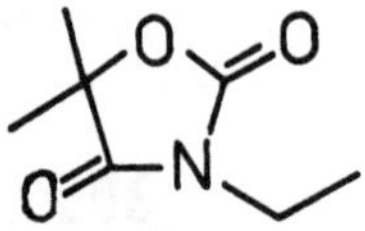

391

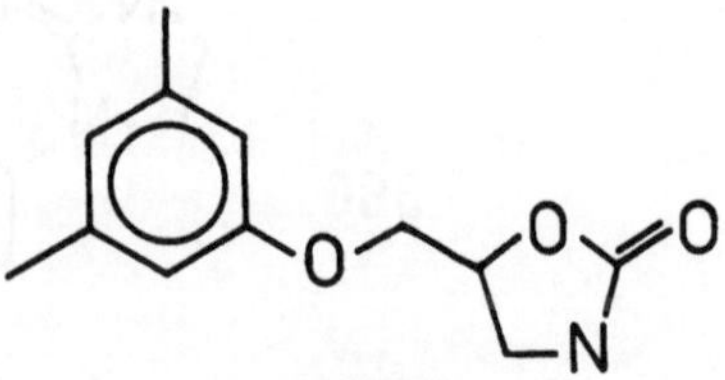

392

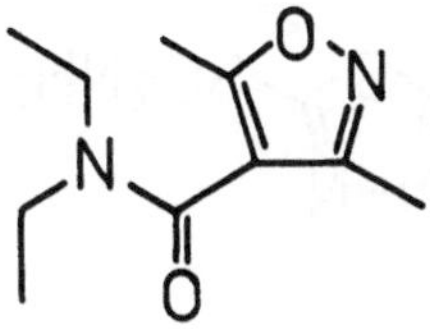

393

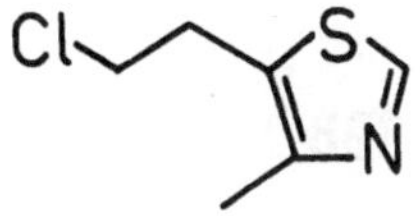

394

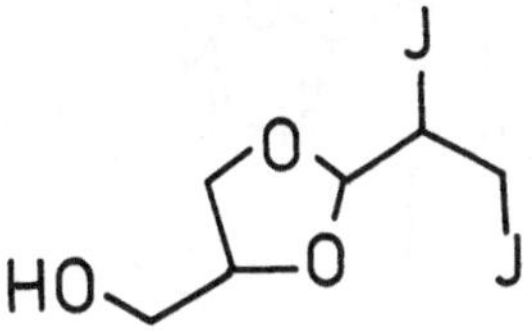

395

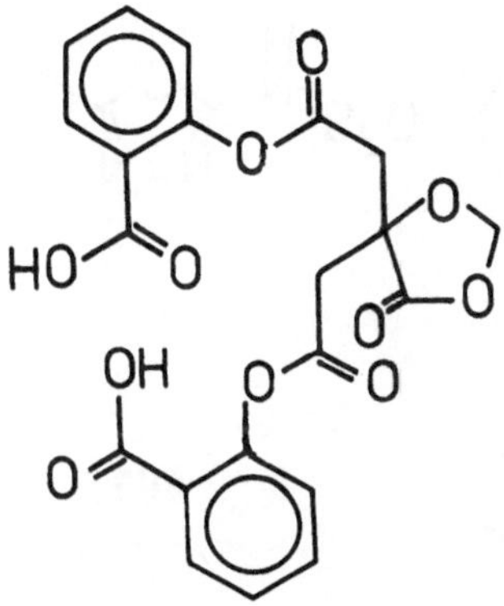

396

397

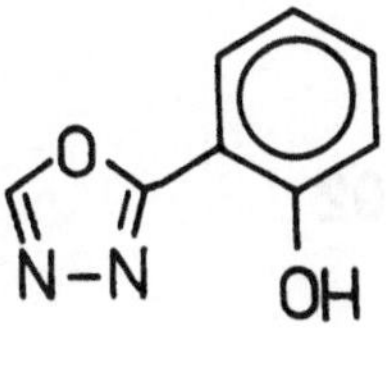

398

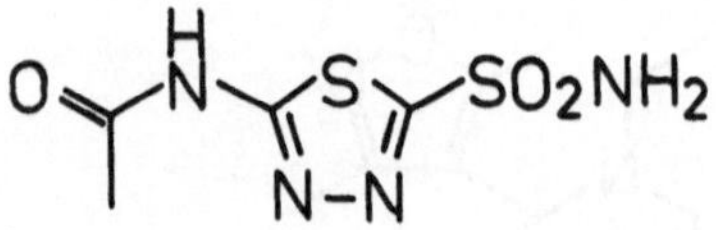

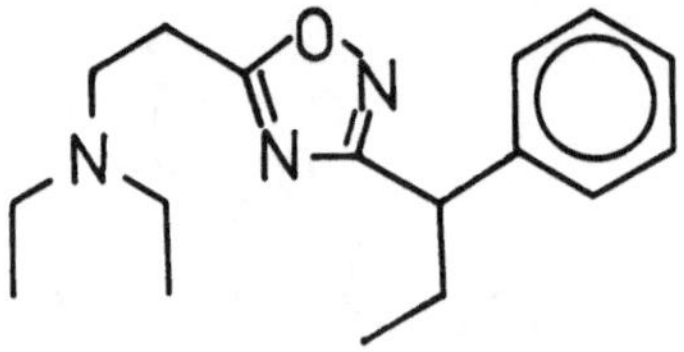

399

400

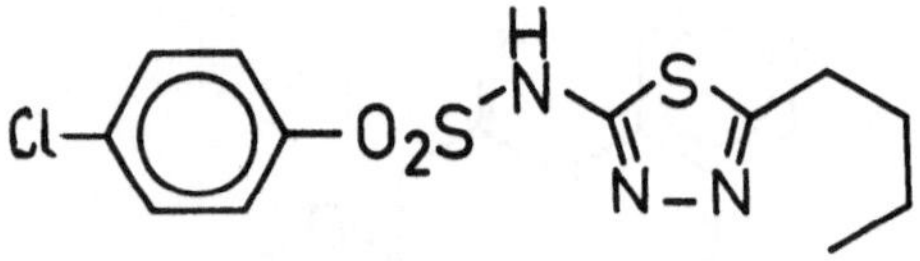

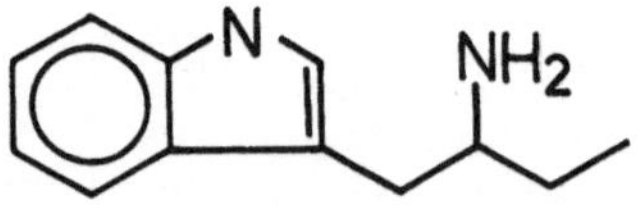

401

402

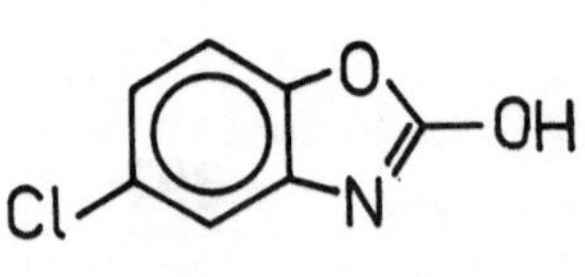

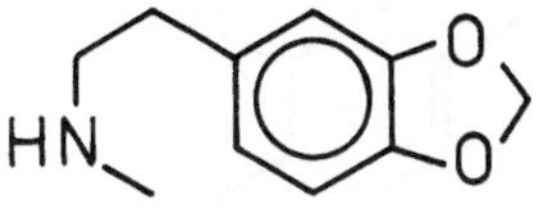

403

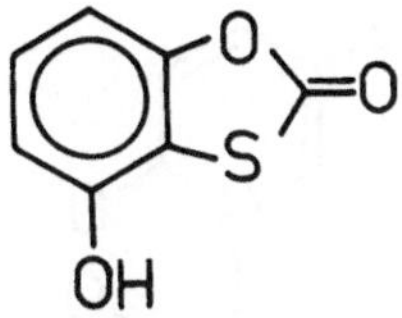

404

405

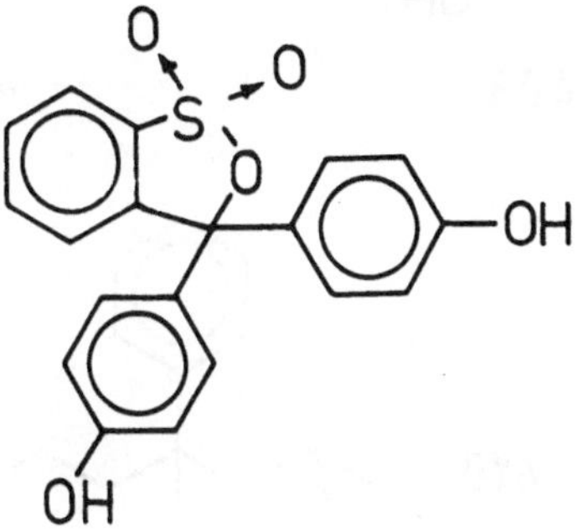

406

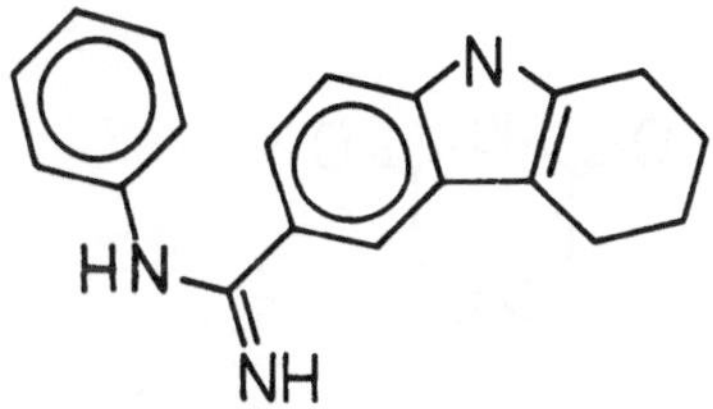

407

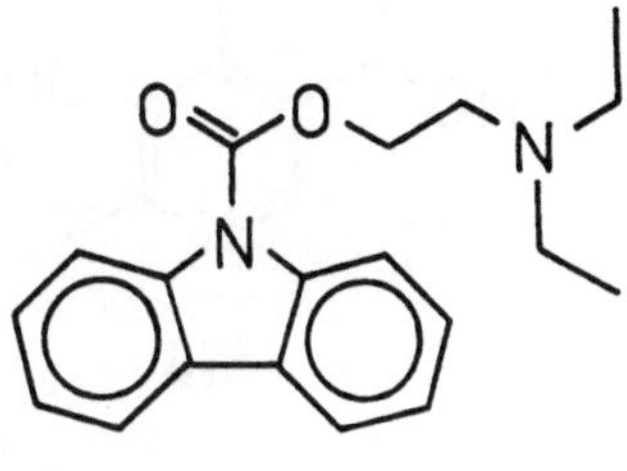

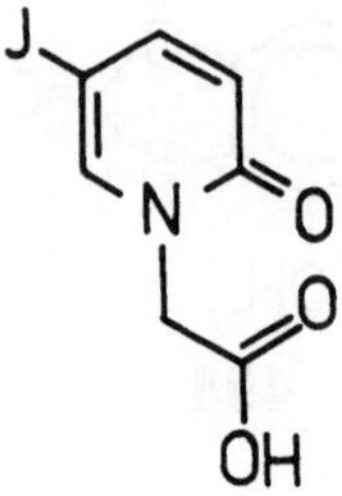

124

408

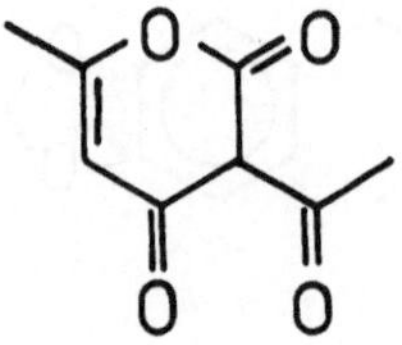

409

410

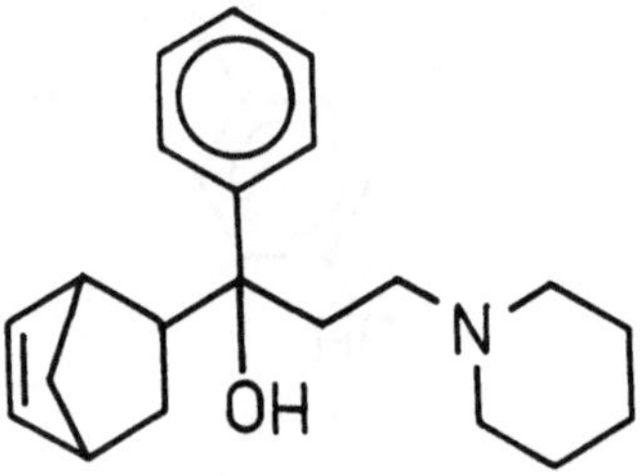

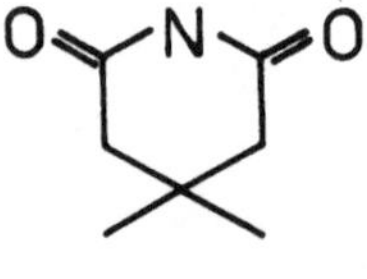

411

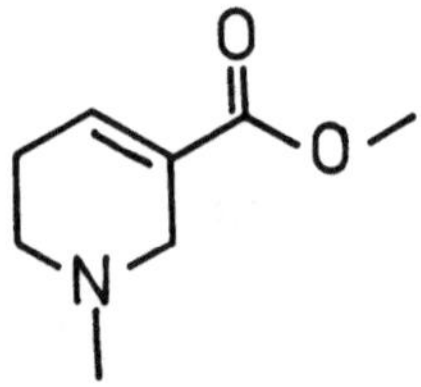

412

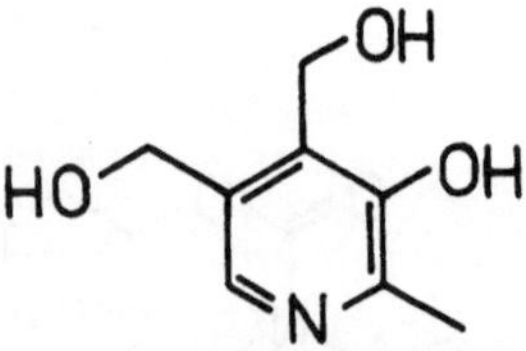

413

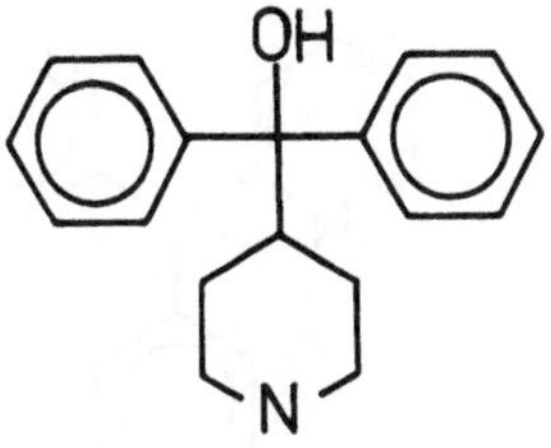

414

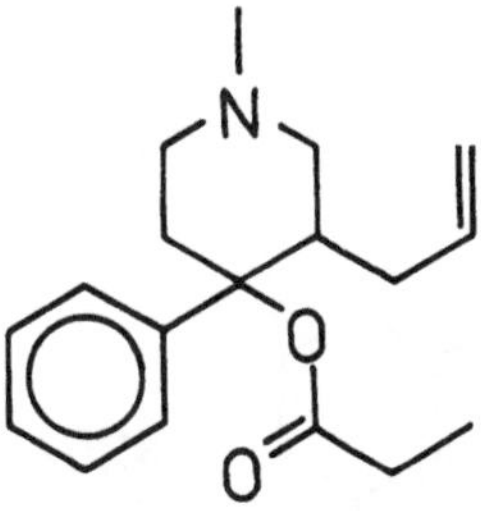

415

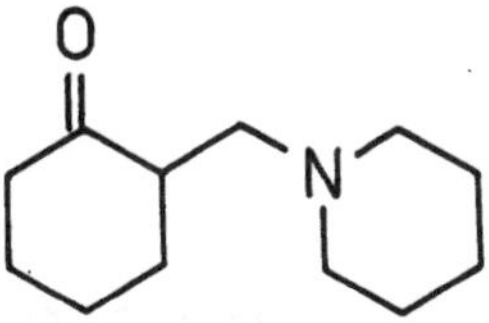

416

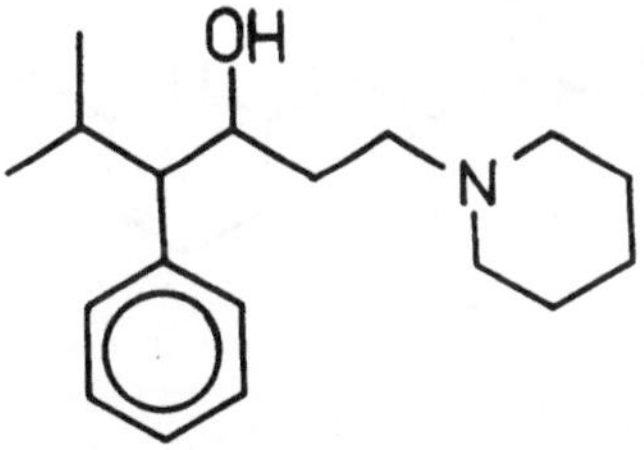

417

418

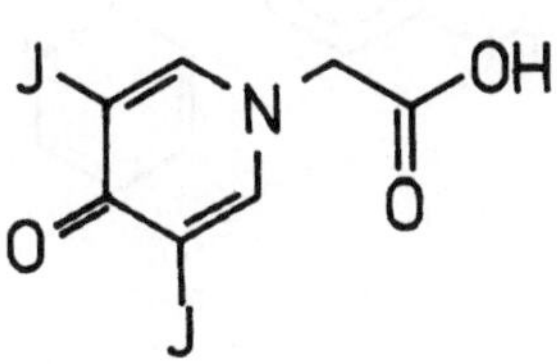

126

419

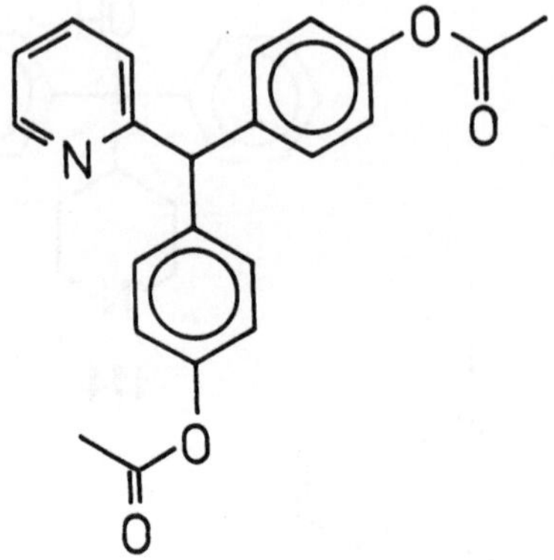

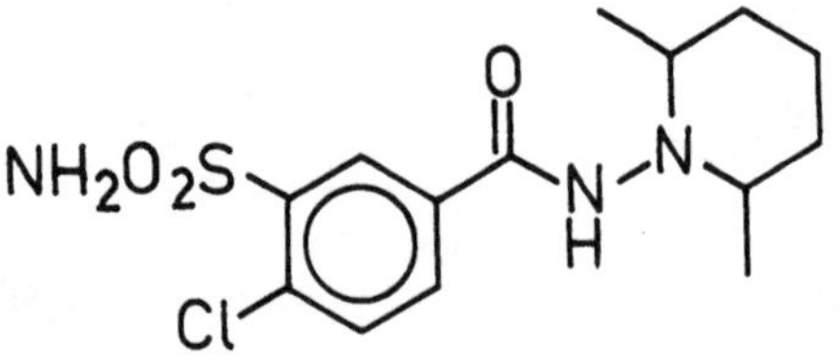

420

421

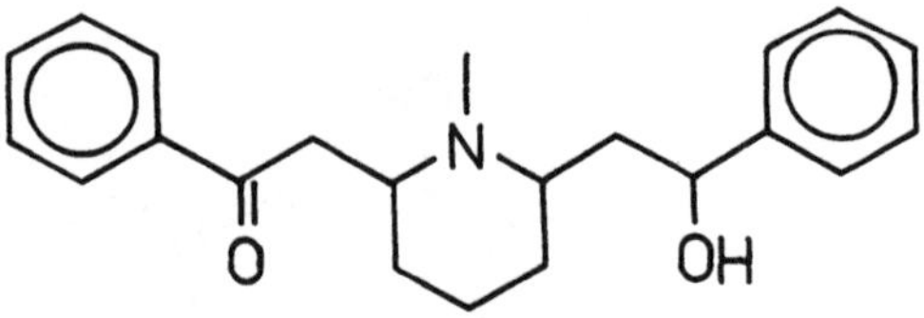

422

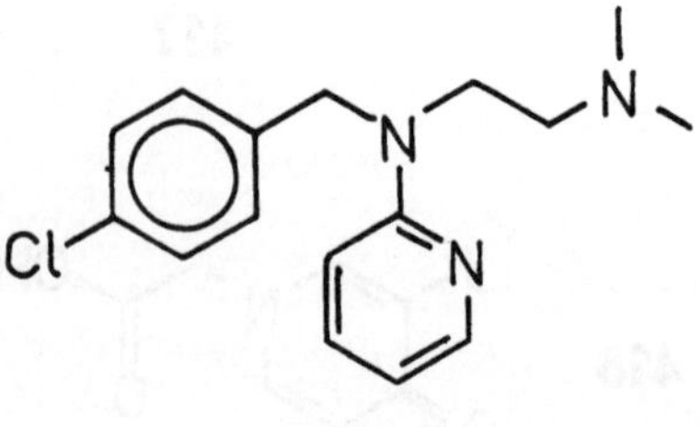

423

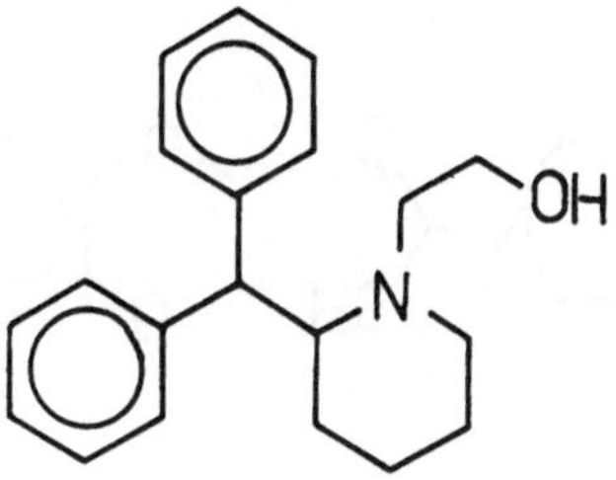

424

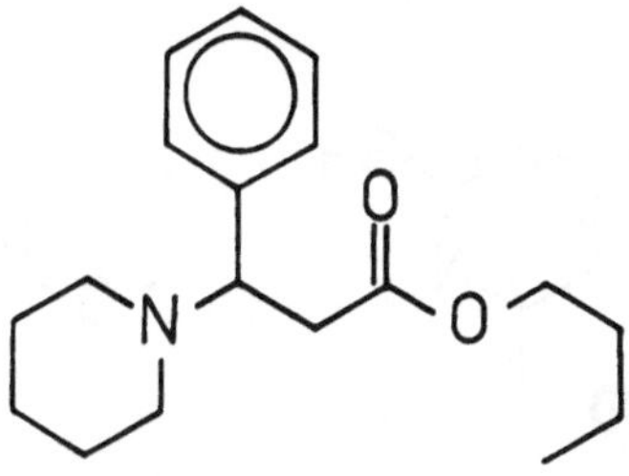

425

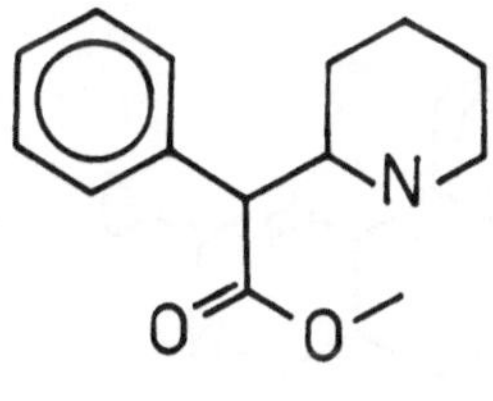

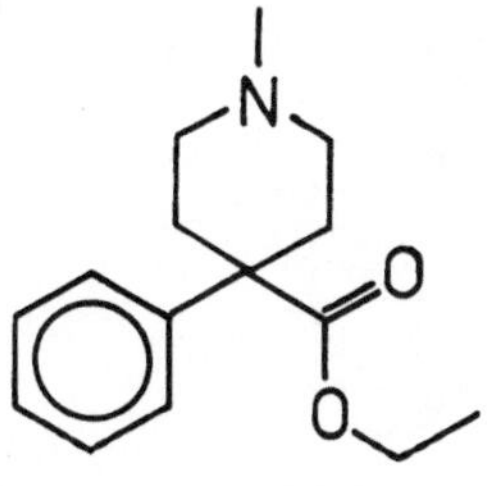

426

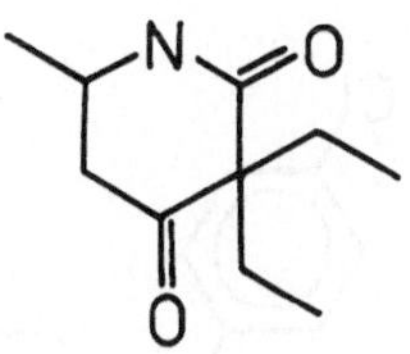

427

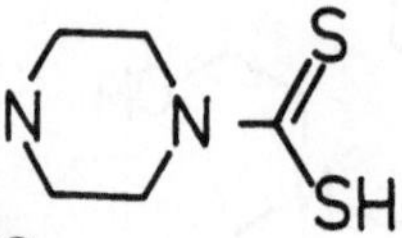

128

428

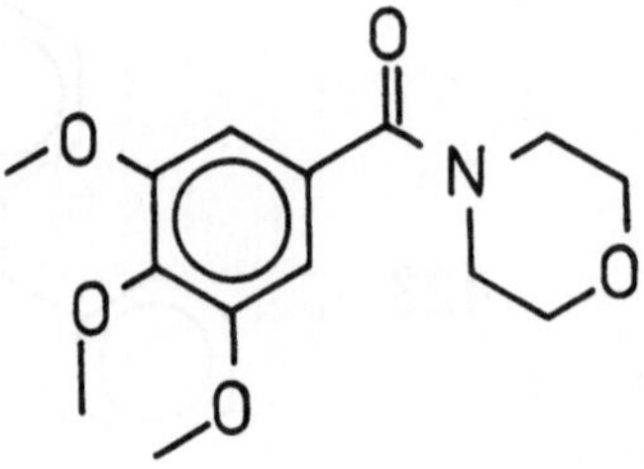

429

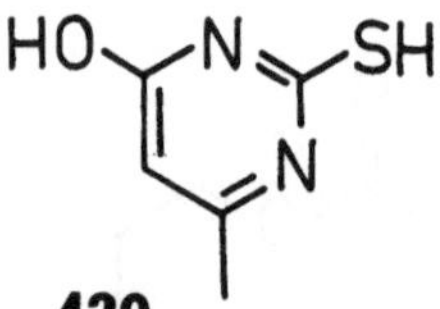

430

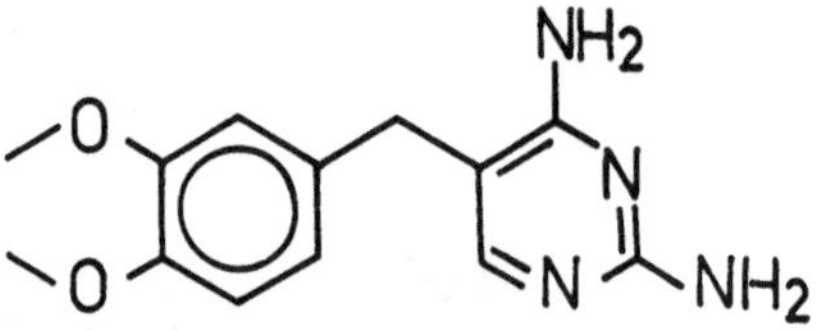

431

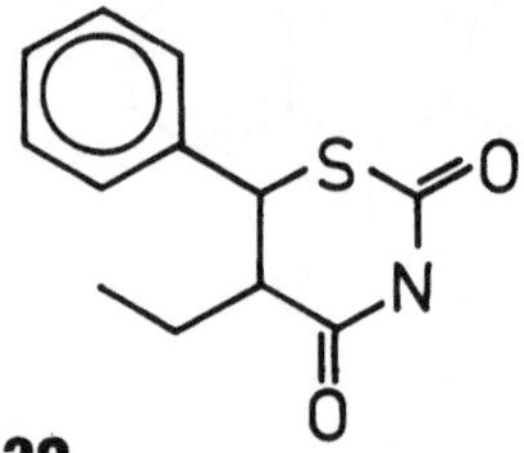

432

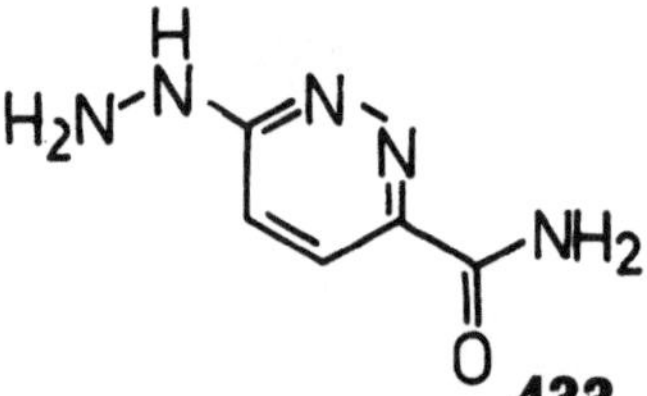

433

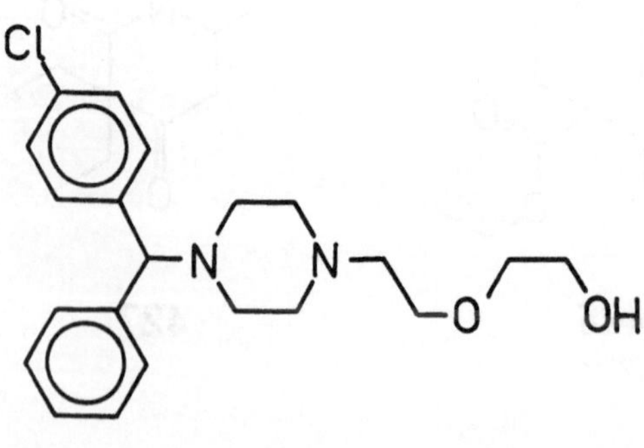

434

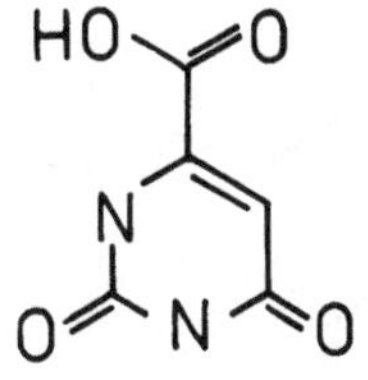

435

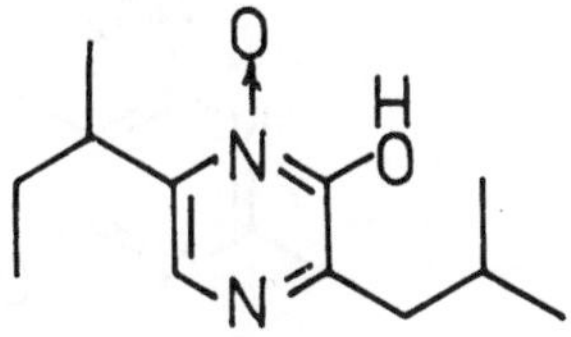

436

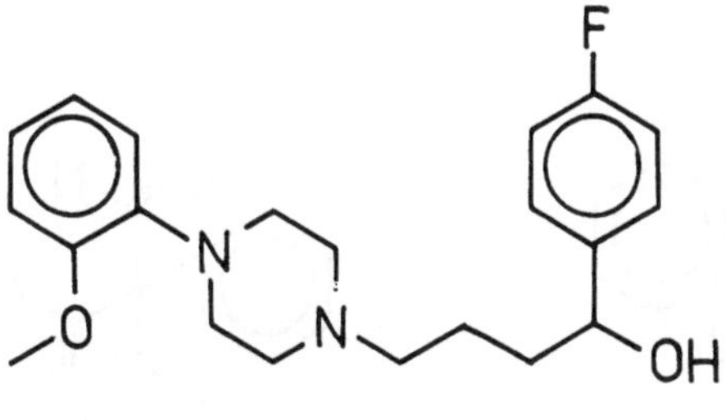

437

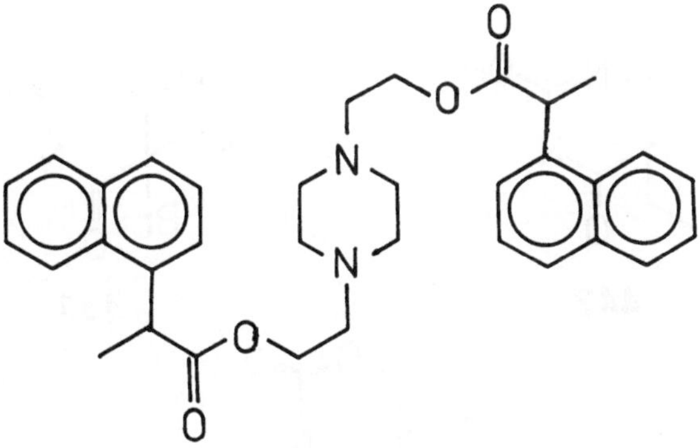

438

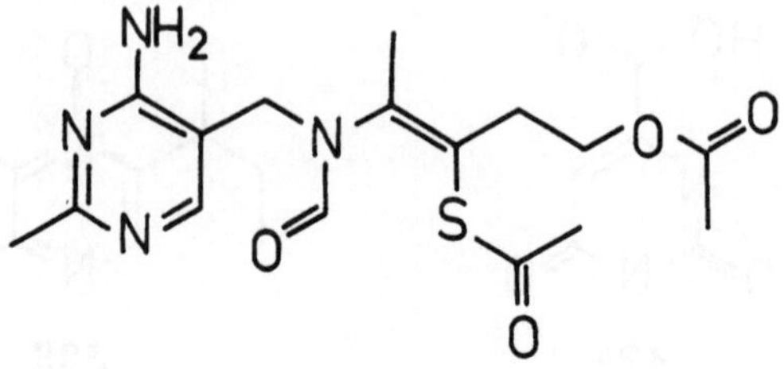

439

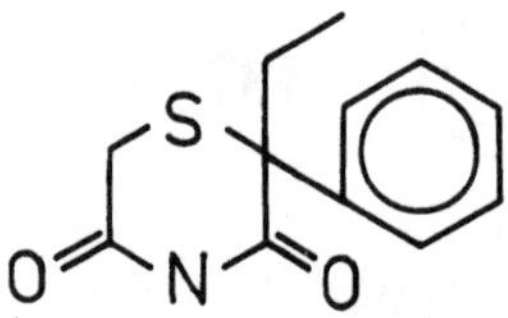

440

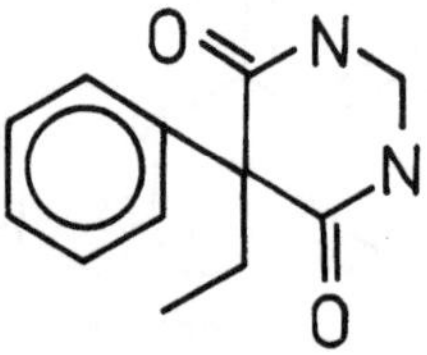

441

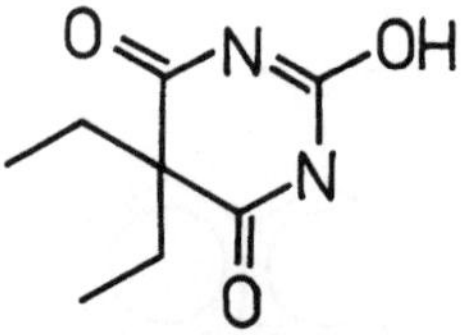

442

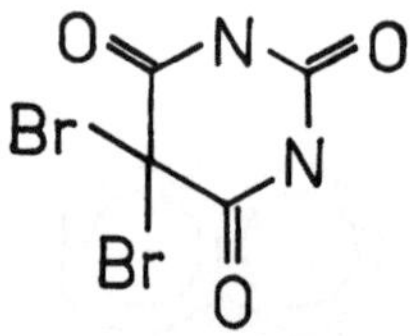

443

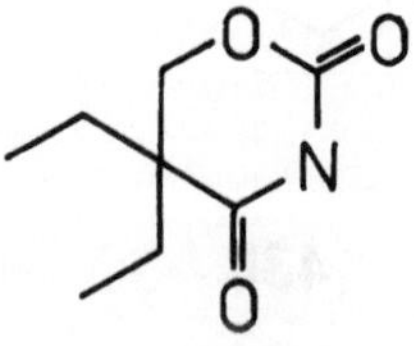

444

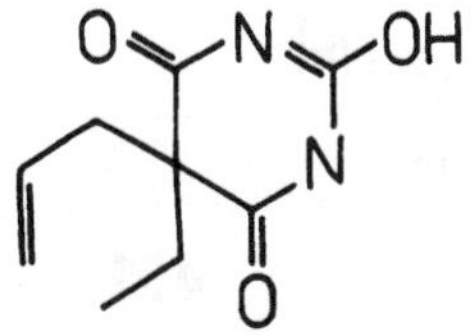

445

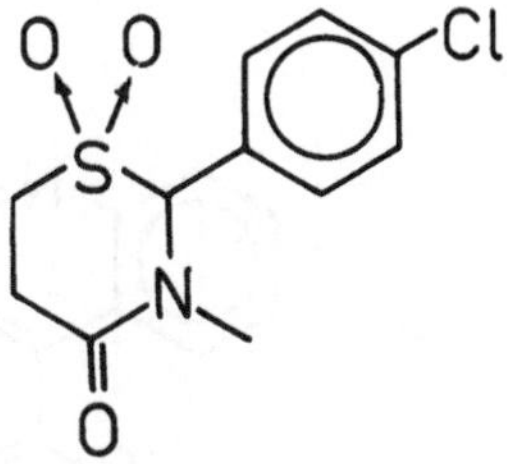

446

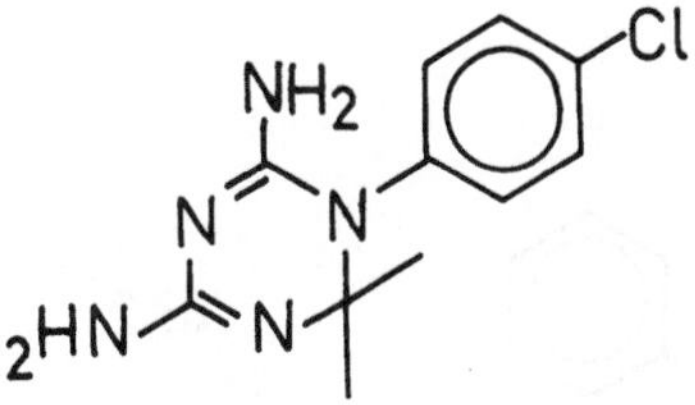

447

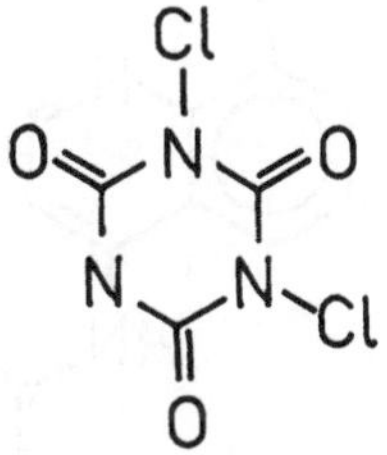

448

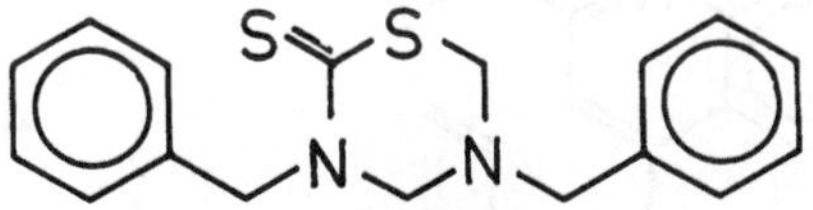

449

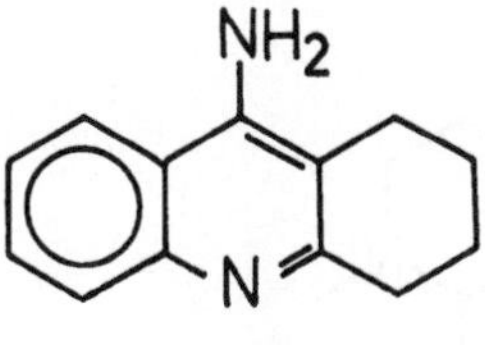

450

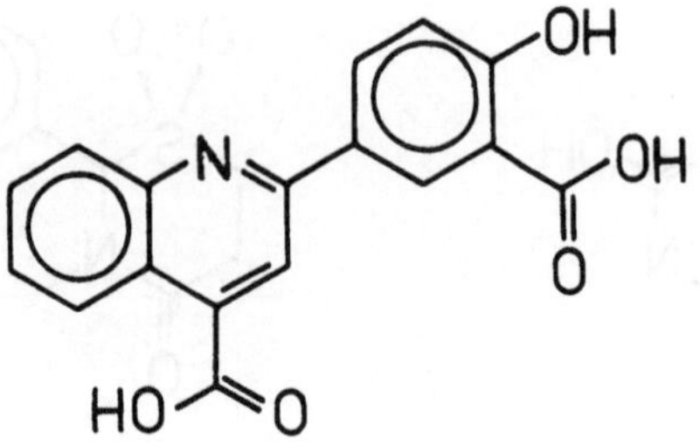

132

451

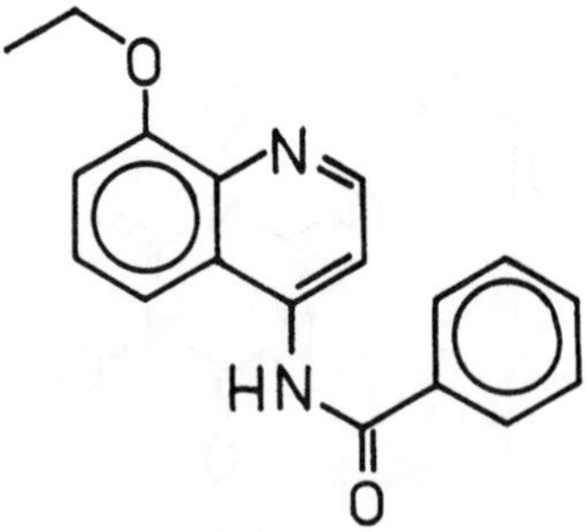

452

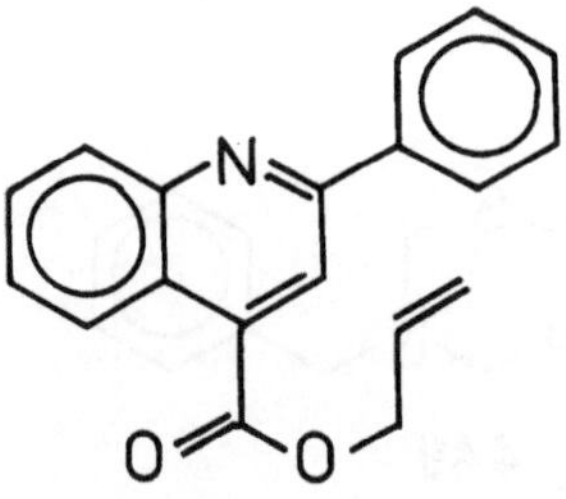

453

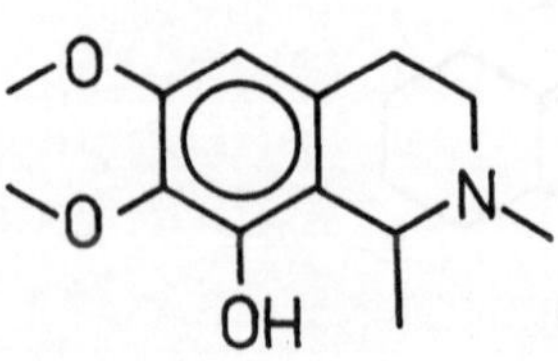

454

455

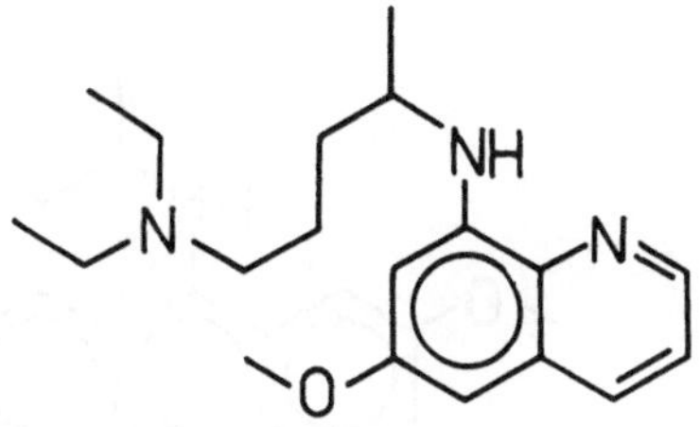

456

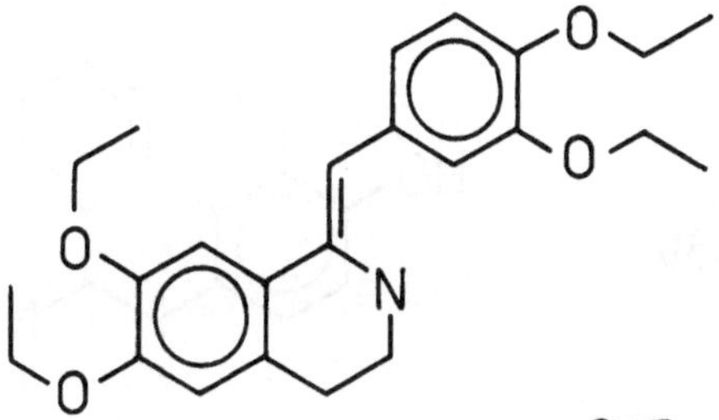

457

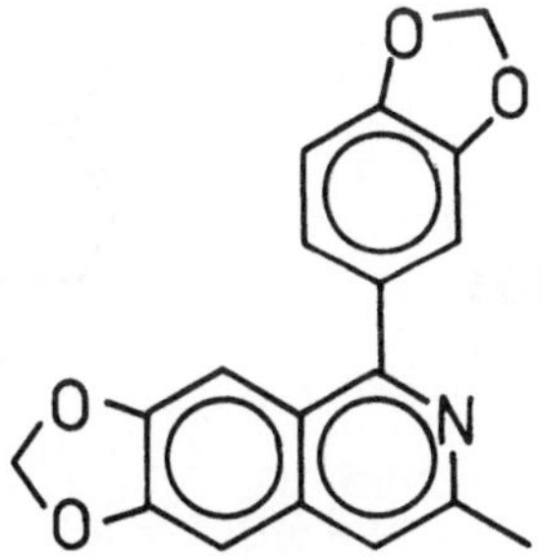

458

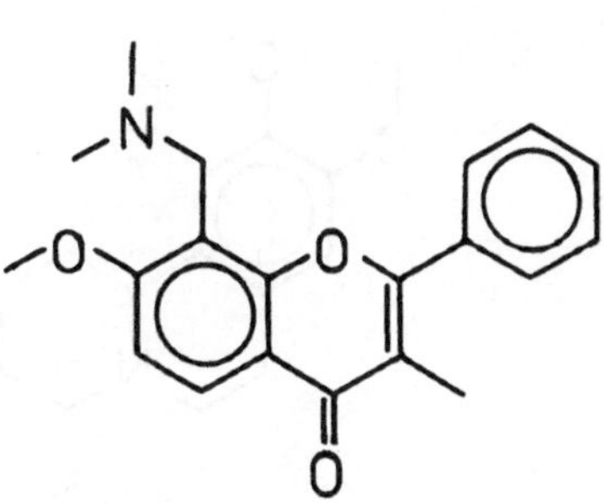

134

459

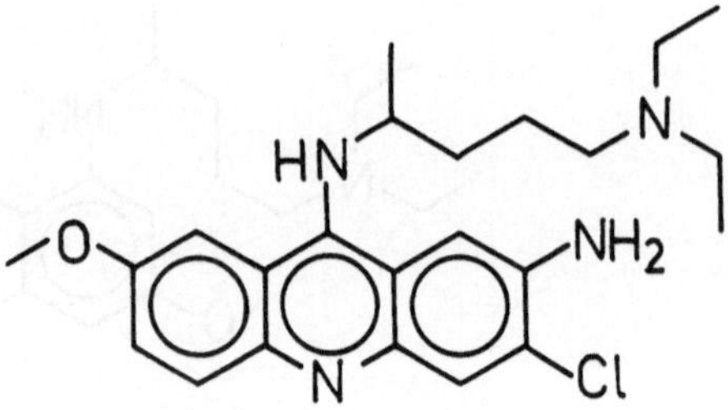

460

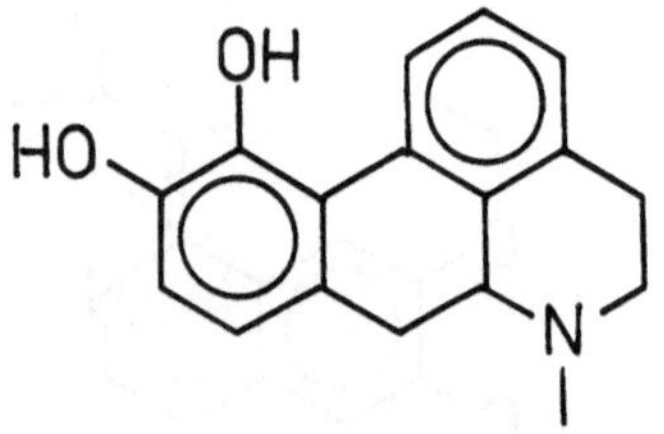

461

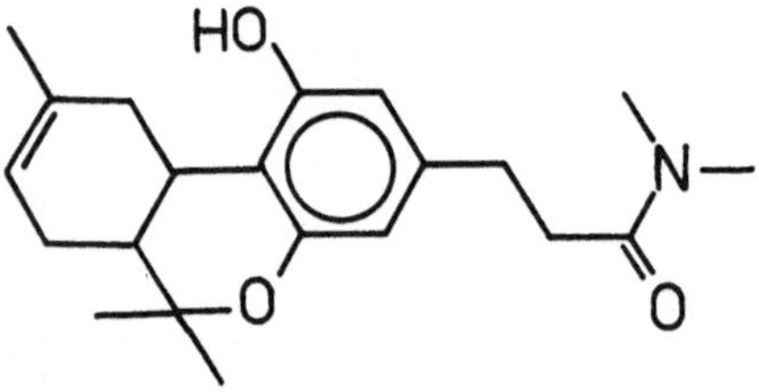

462

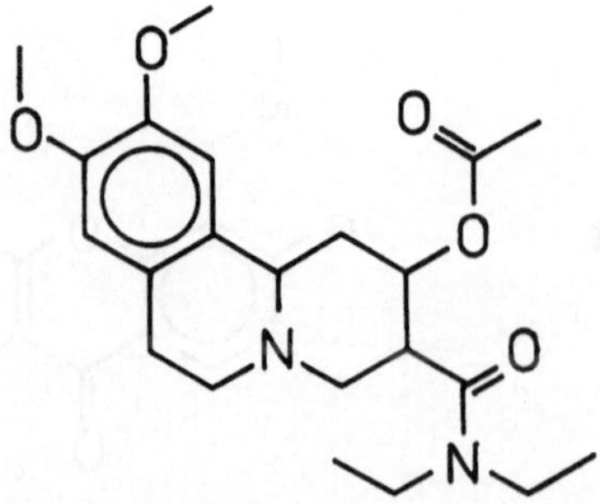

463

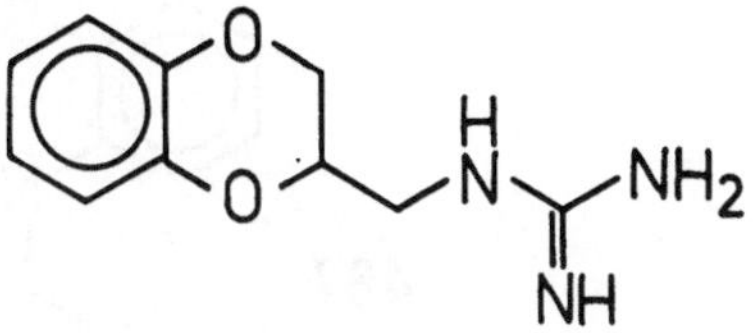

464

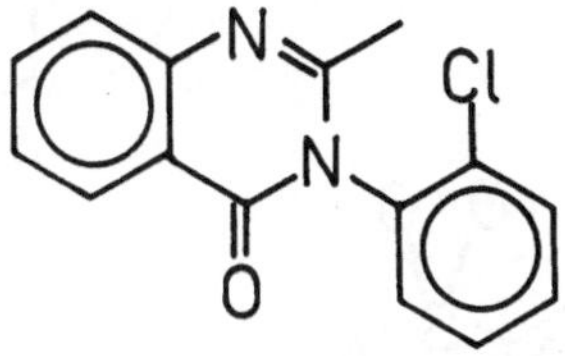

465

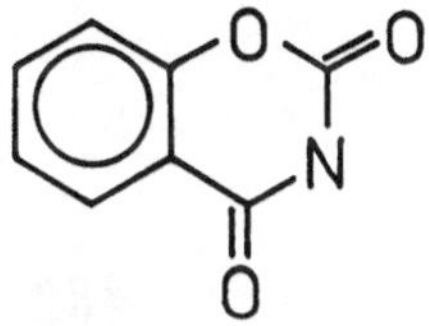

466

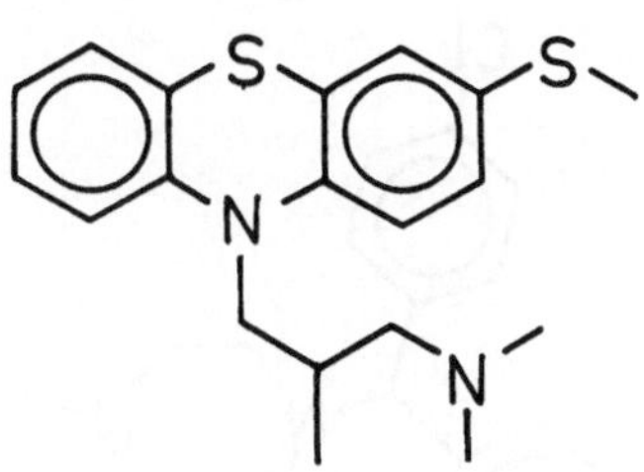

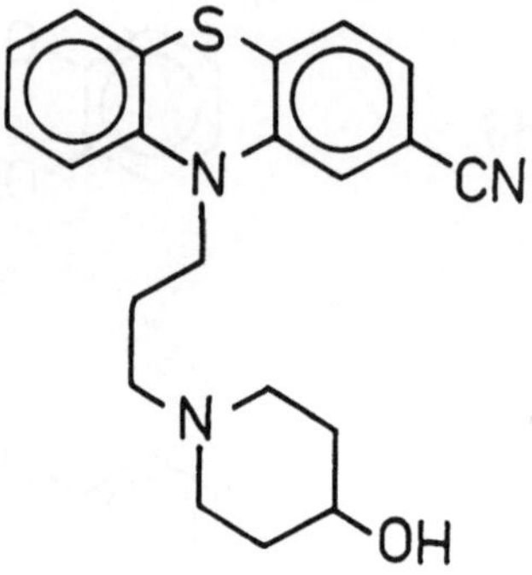

467

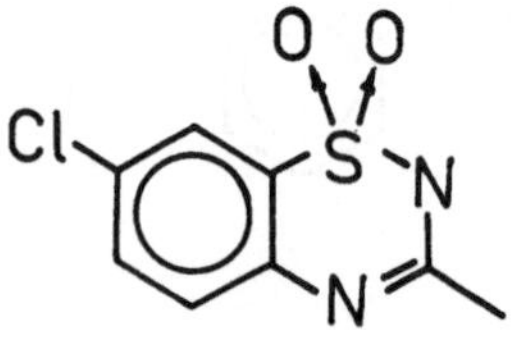

468

469

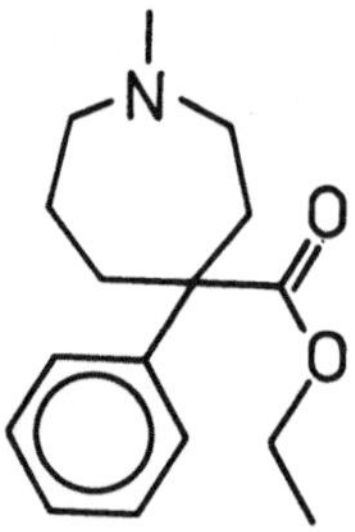

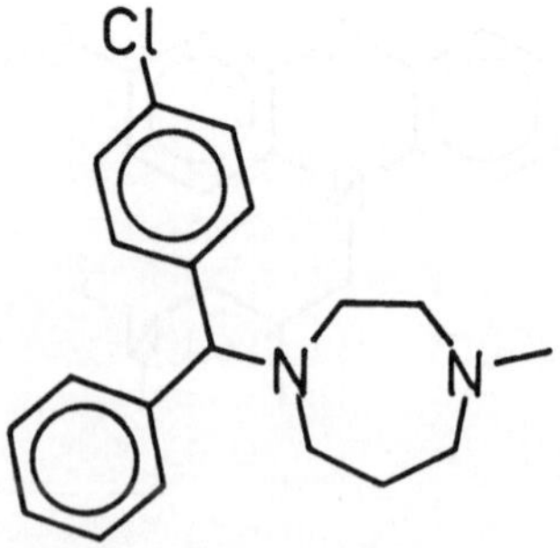

470

471

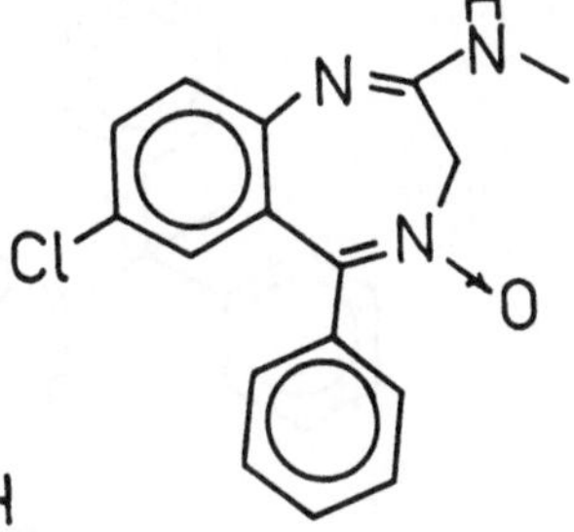

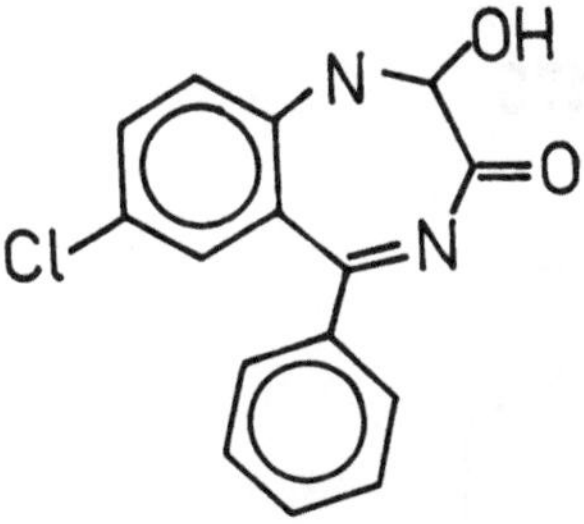

472

473

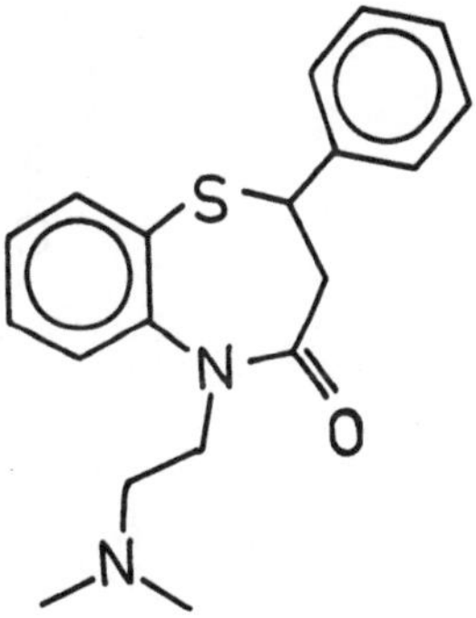

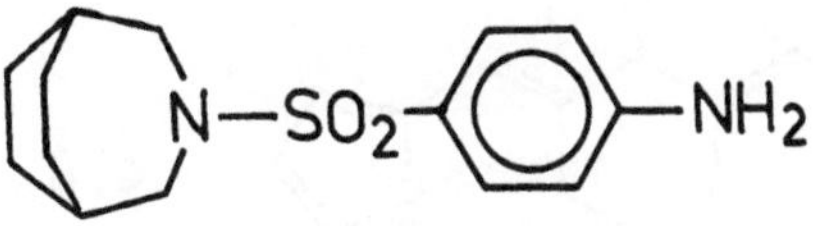

**474

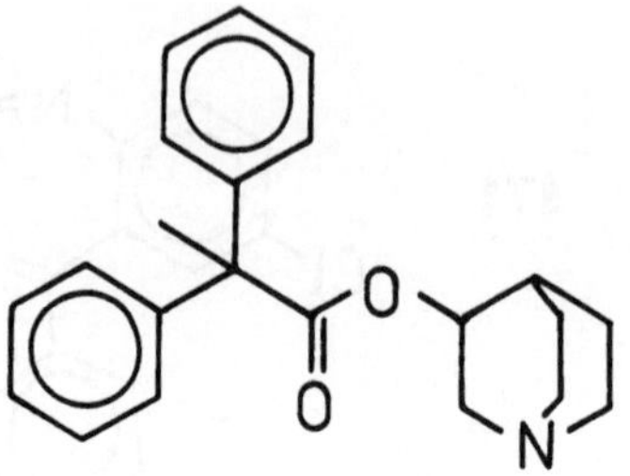

138

475

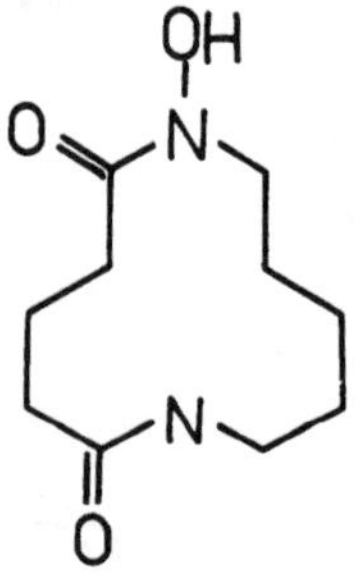

476

477

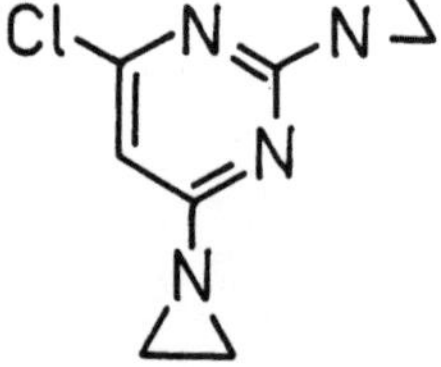

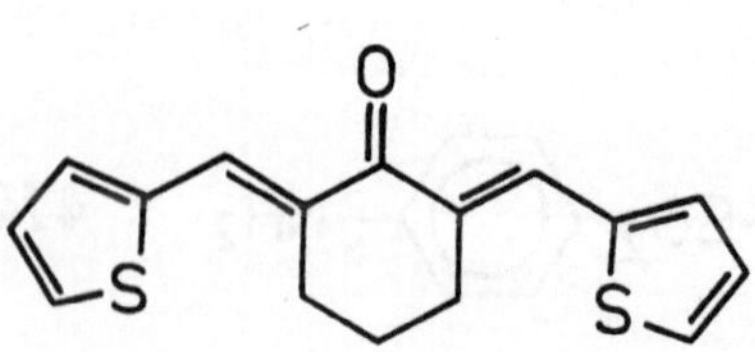

478

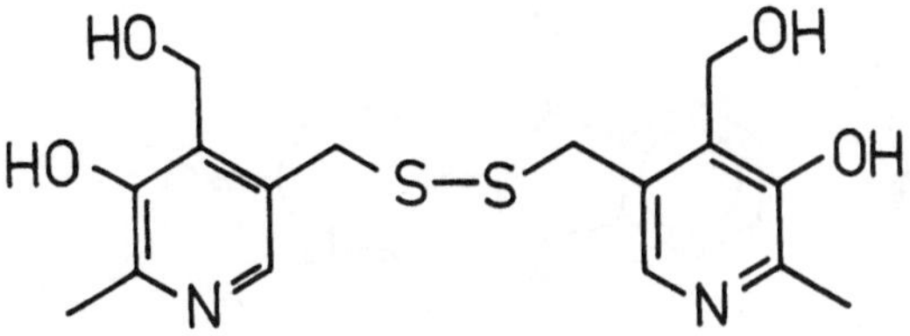

479

480

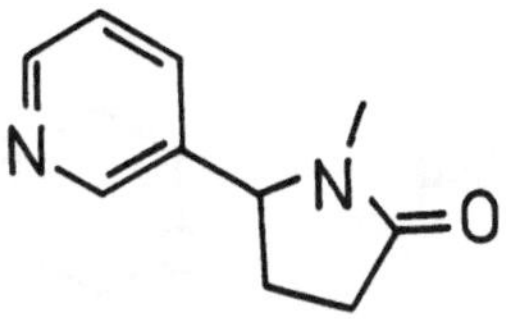

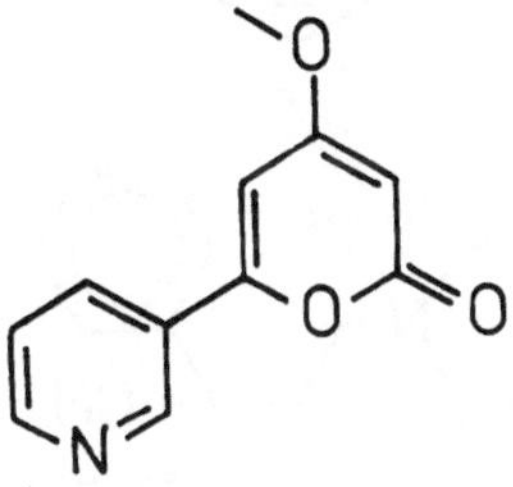

481

482

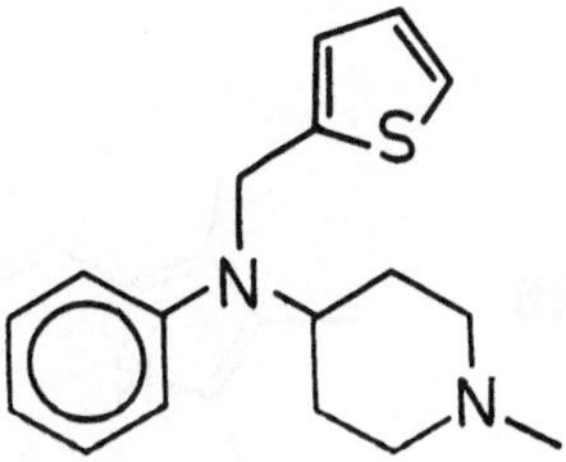

140

483

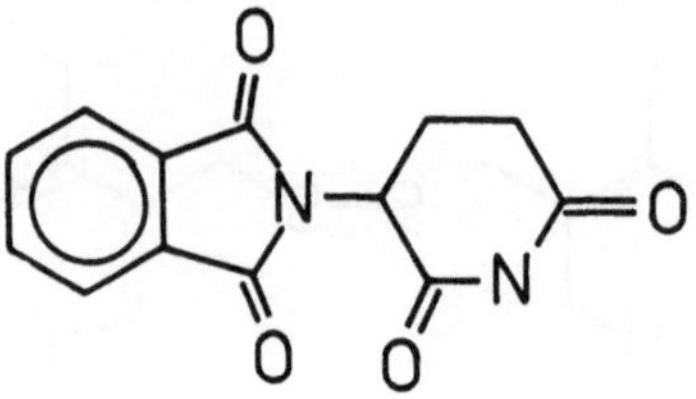

484

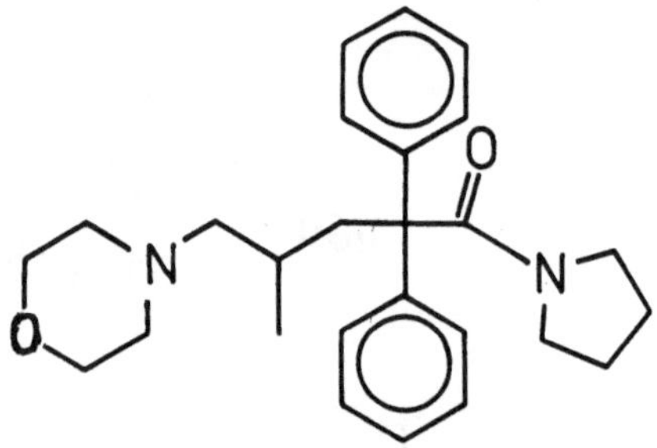

485

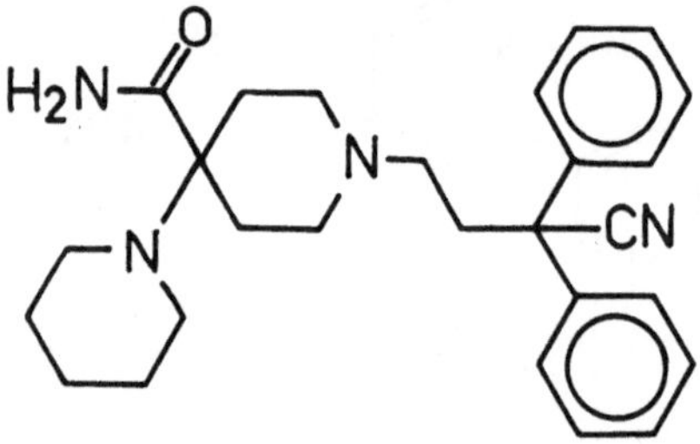

486

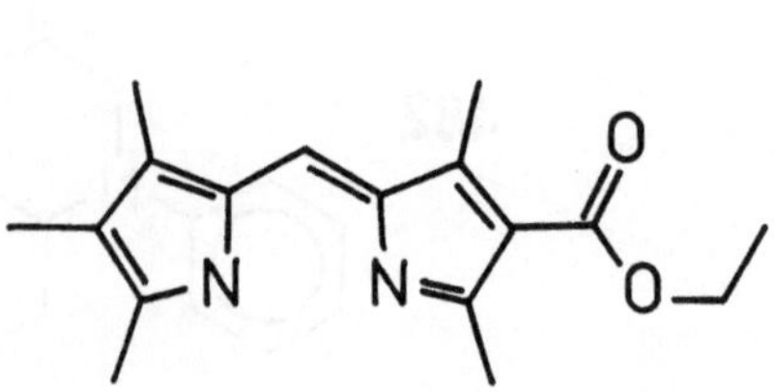

487

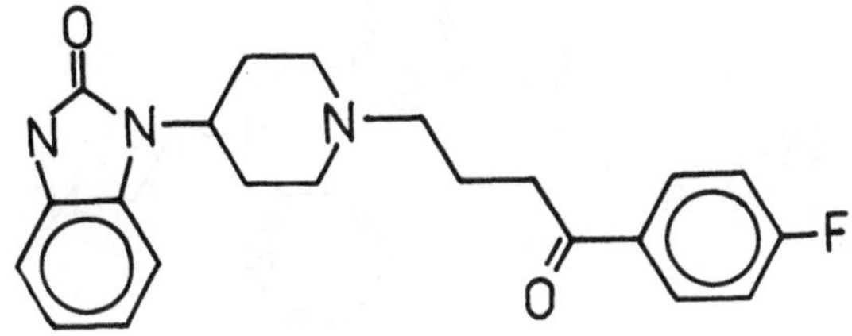

488

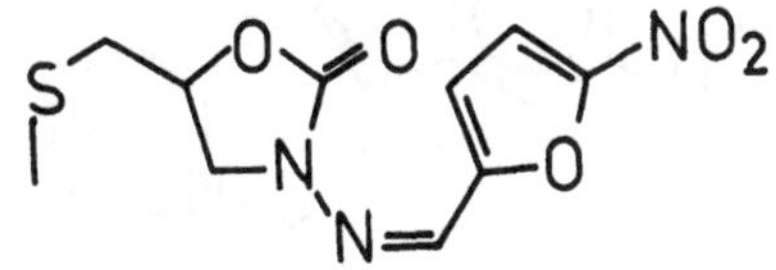

489

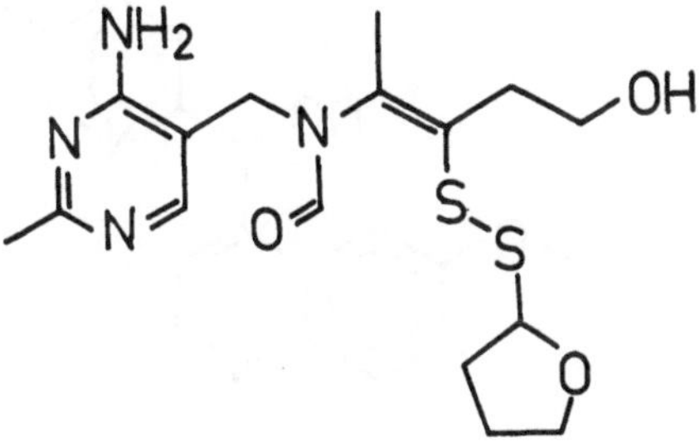

490

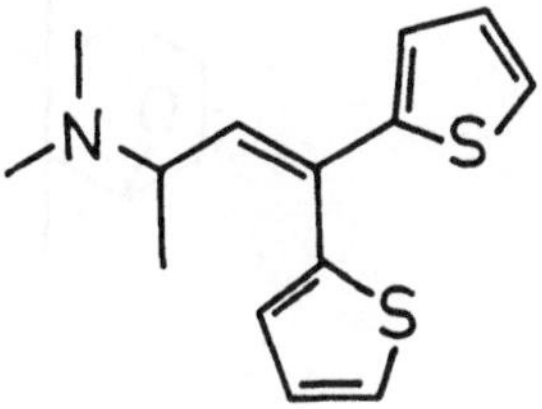

491

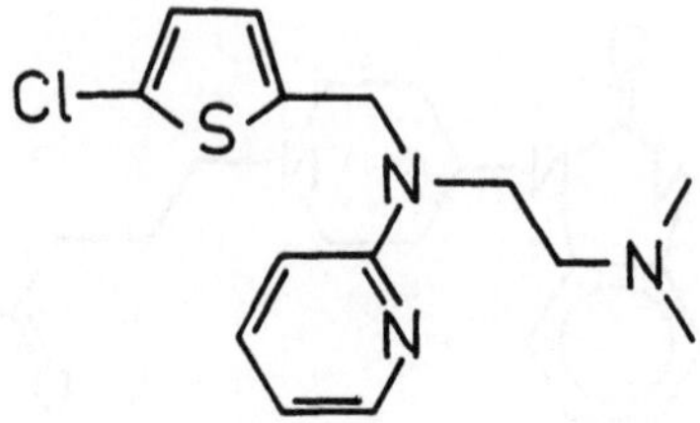

492

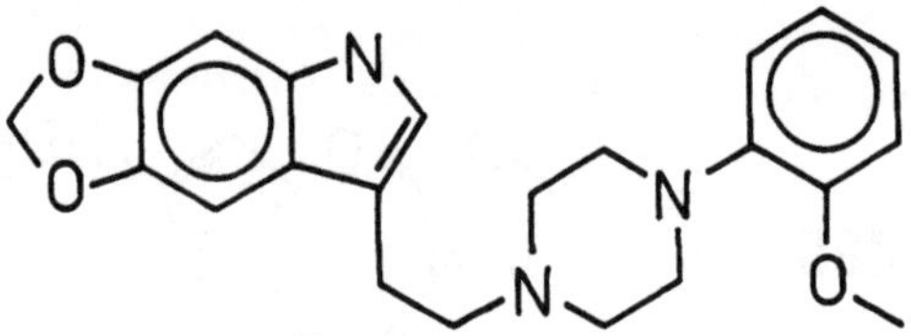

493

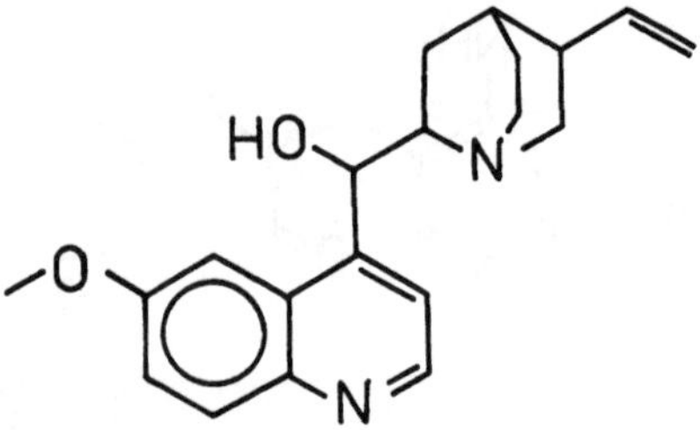

494

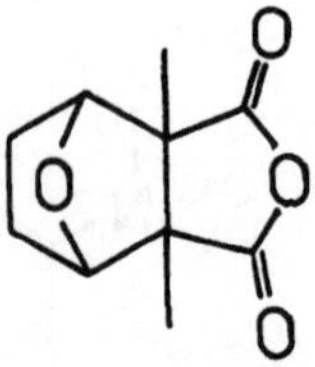

495

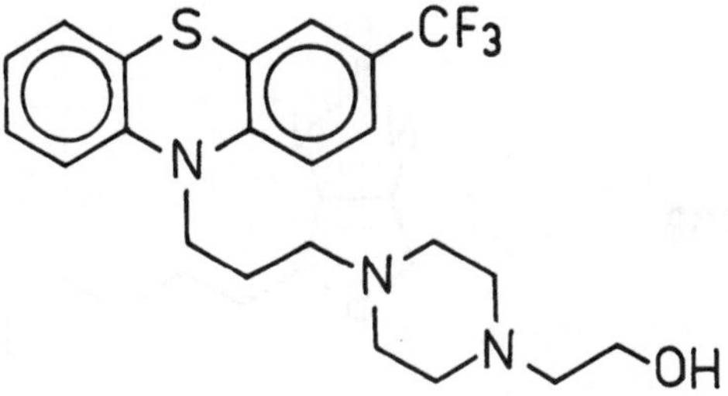

496

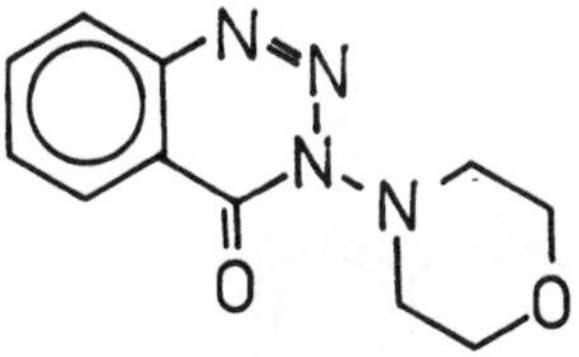

497

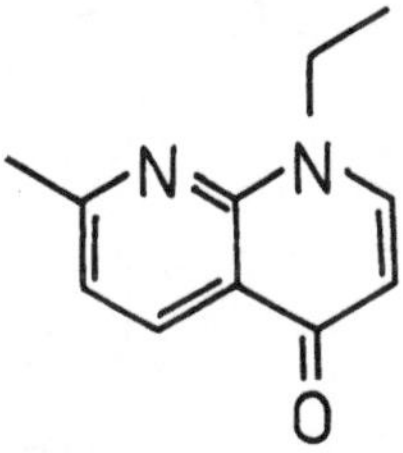

498

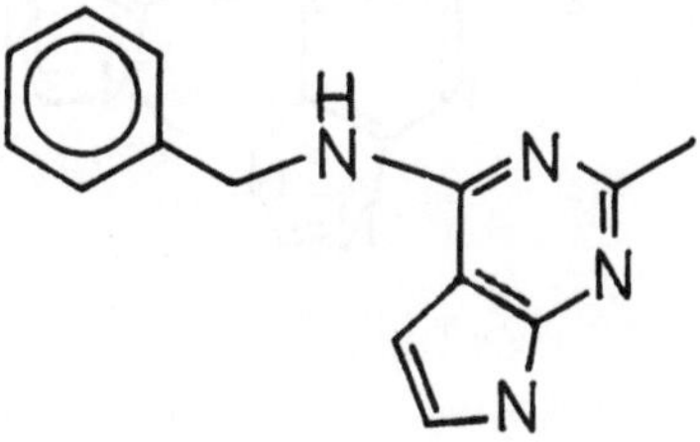

144

499

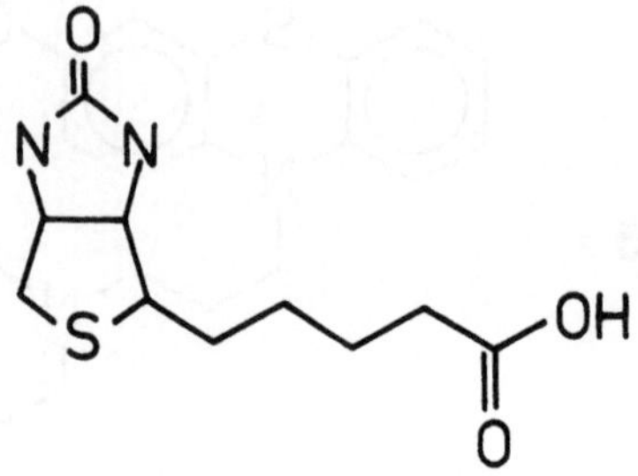

500

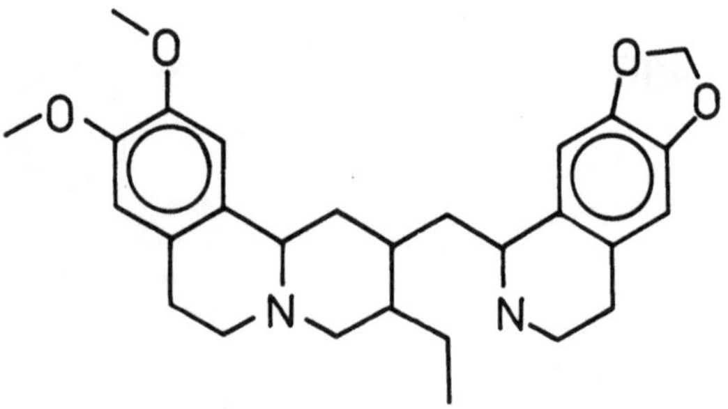

501

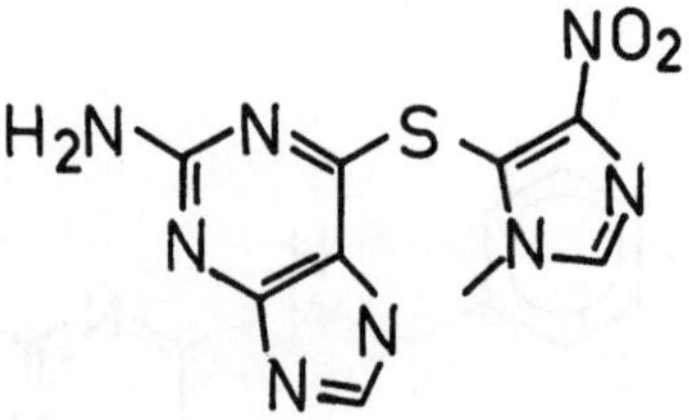

502

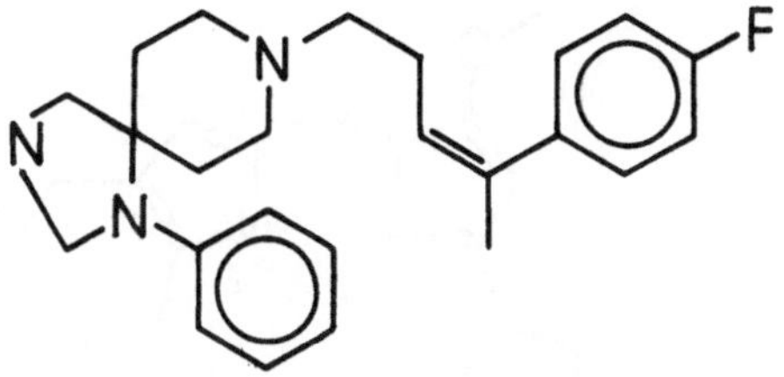

503

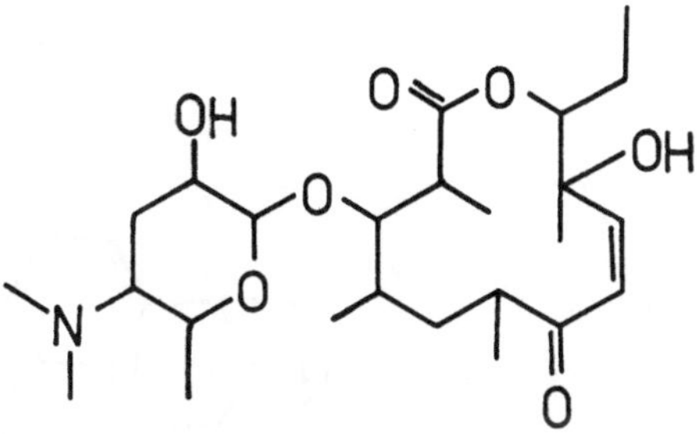

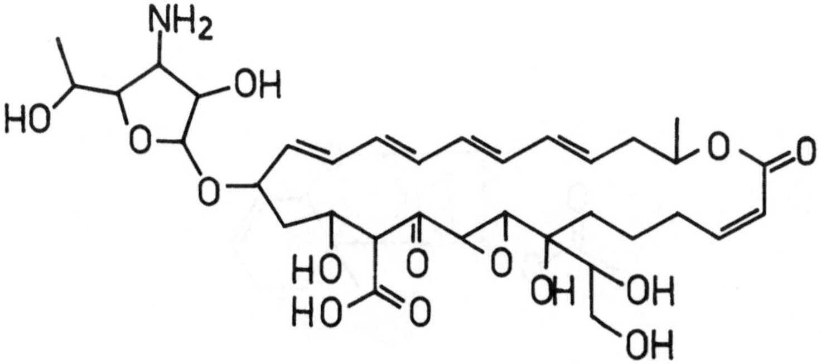

504

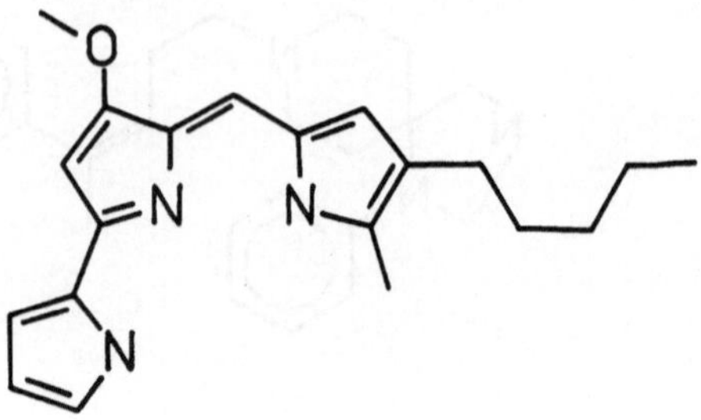

146

505

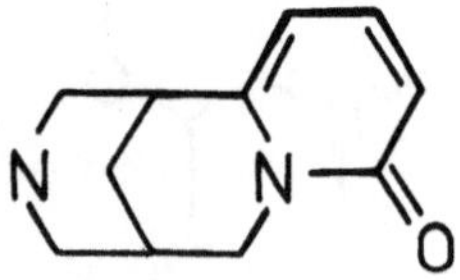

506

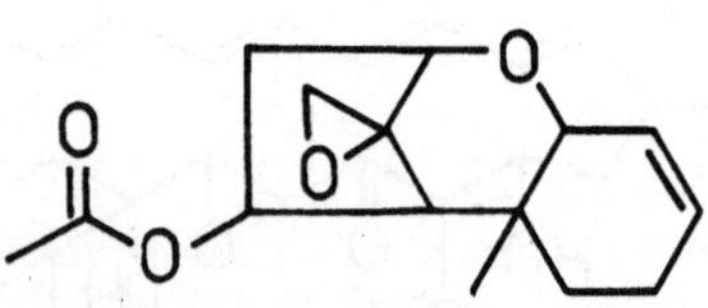

507

508

509

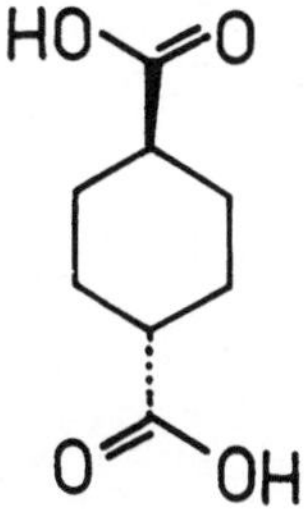

510

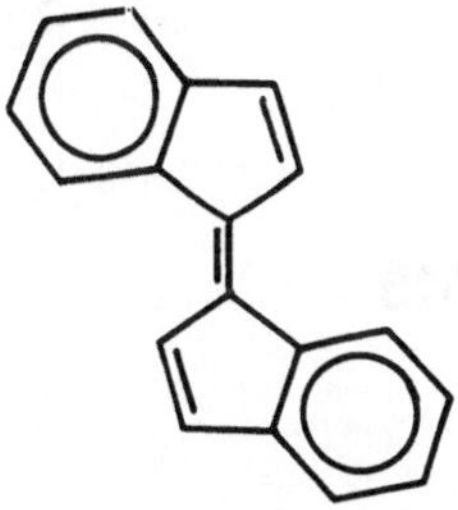

511

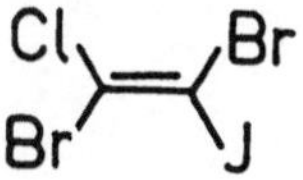

512

513

514

515

516 

517

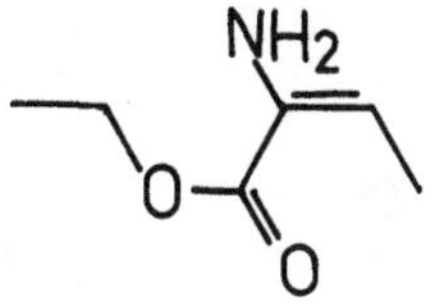

518

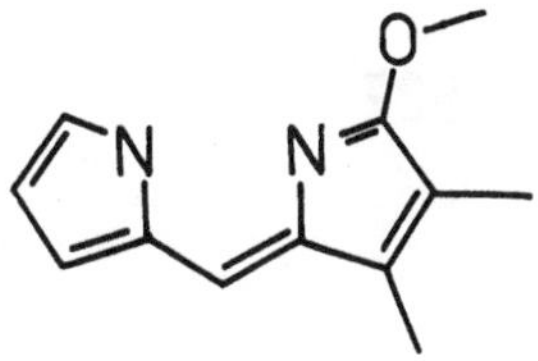

519

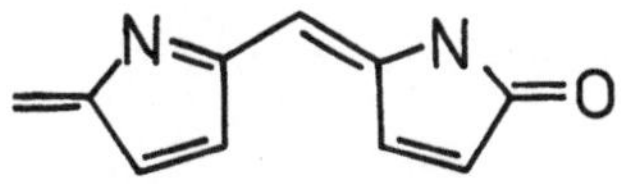

520

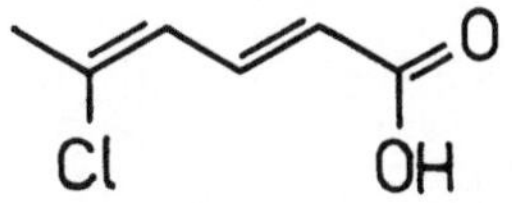

150

521

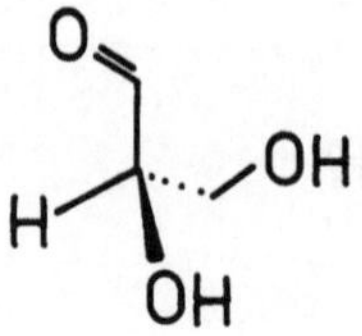

522

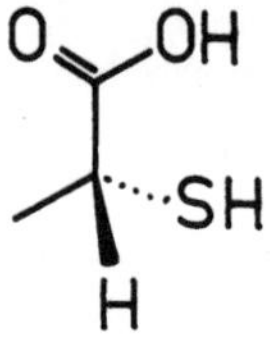

523

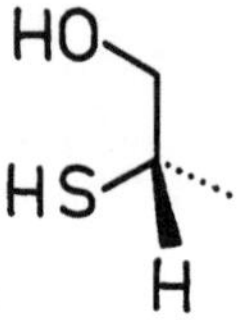

524

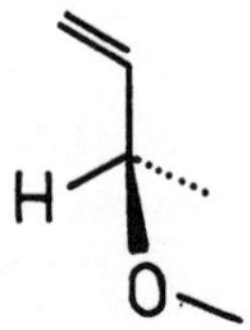

525

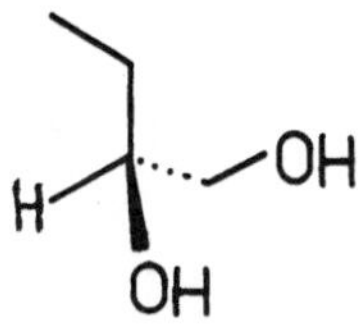

526

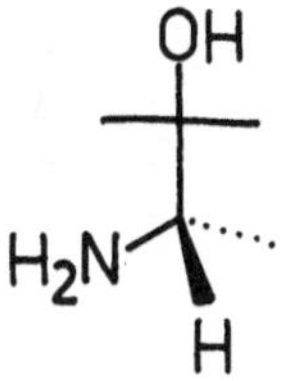

527

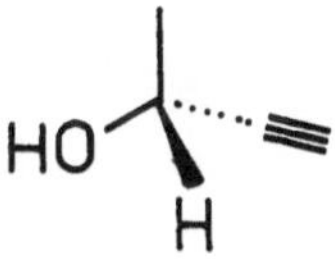

528

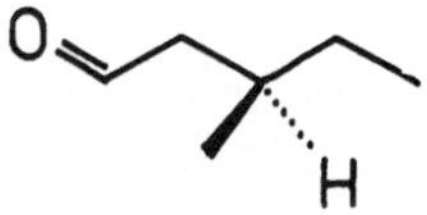

529

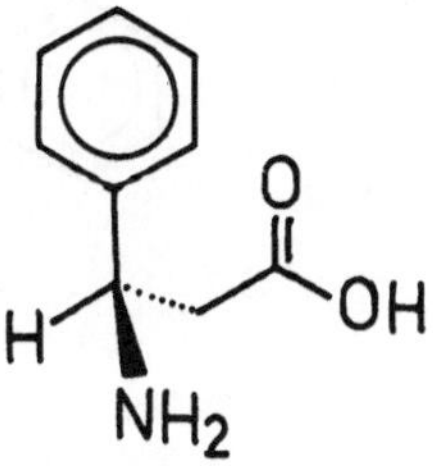

152

530

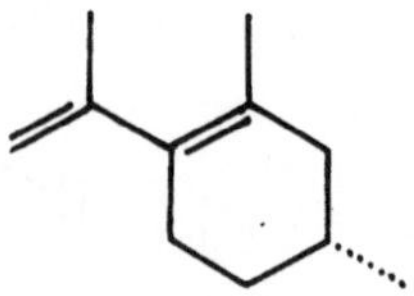

531

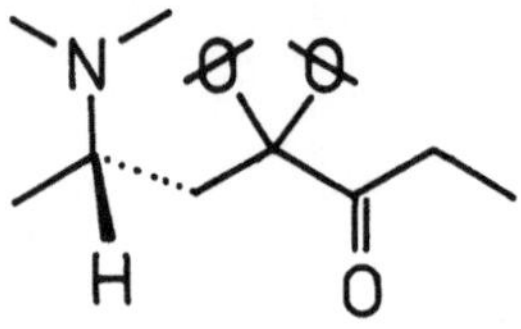

532

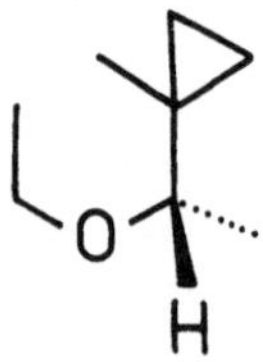

533

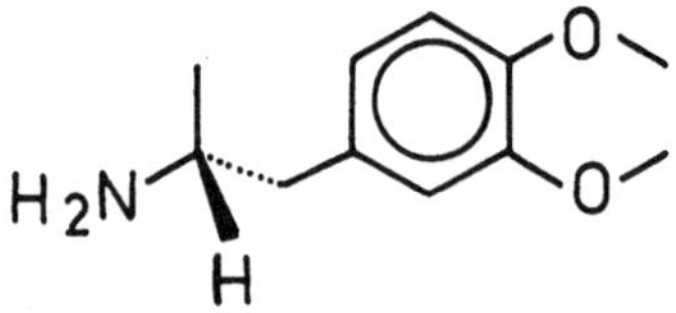

534

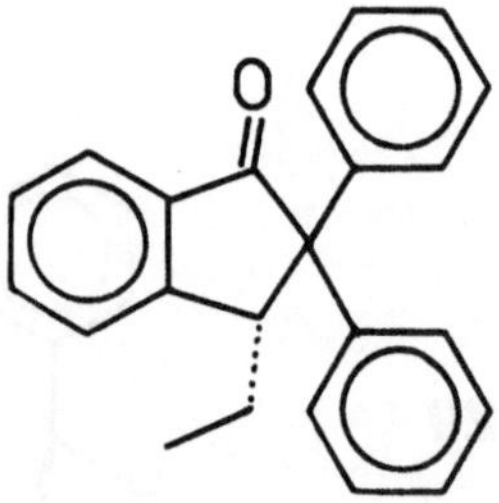

535

536

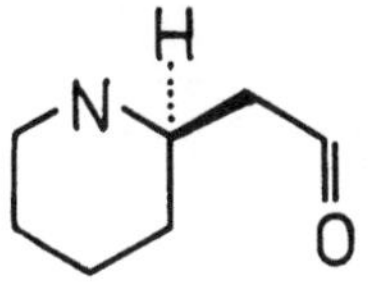

537

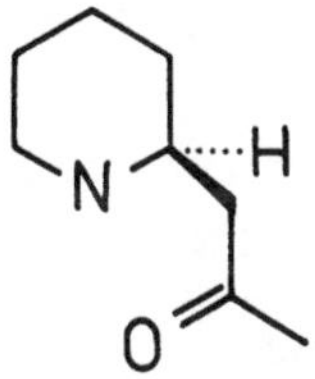

538

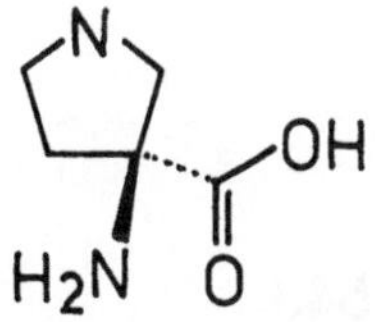

539

154

540

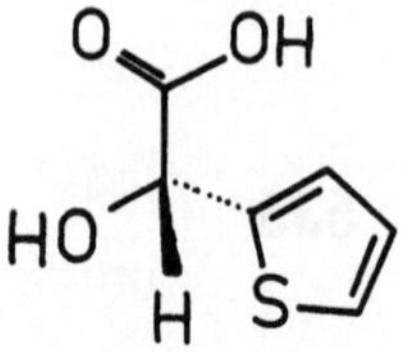

541

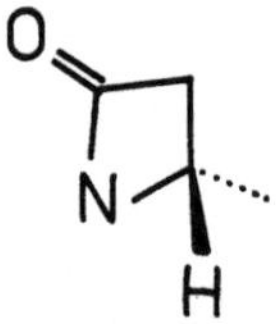

542

543

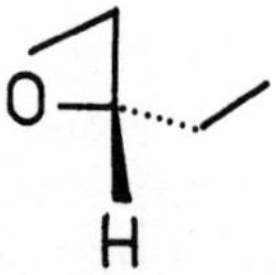

544

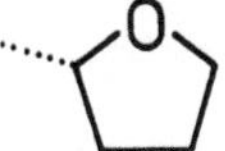

545

546

547

156

548

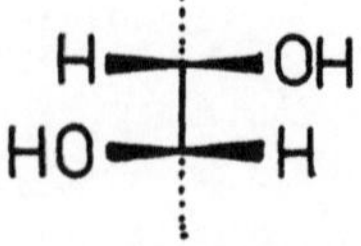

549

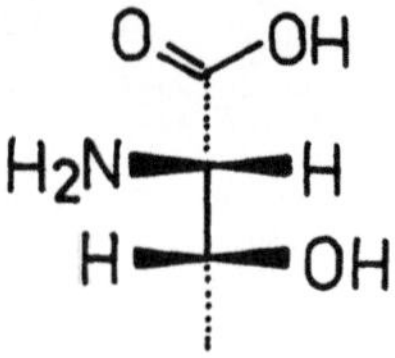

550

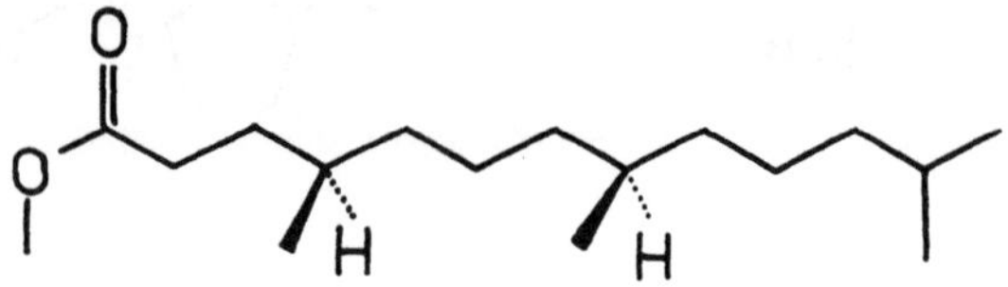

551

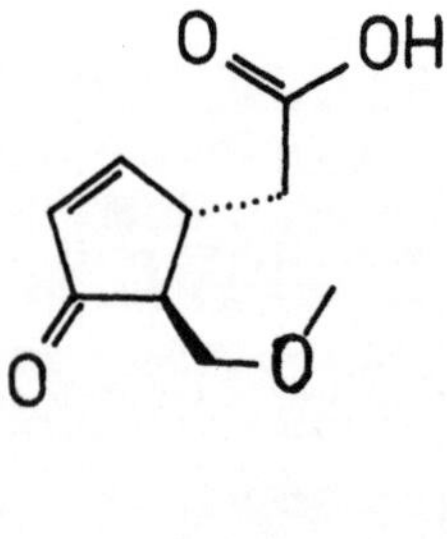

552

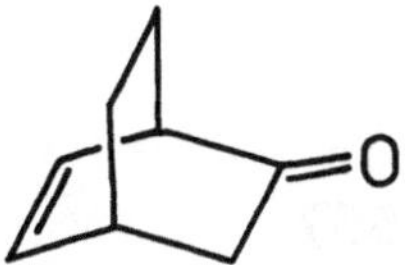

553

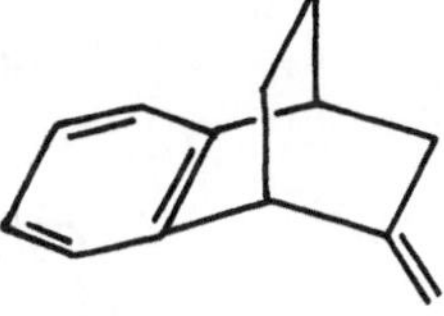

554

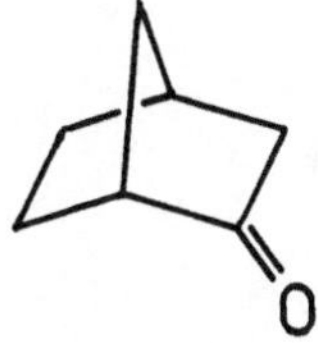

555

158

556

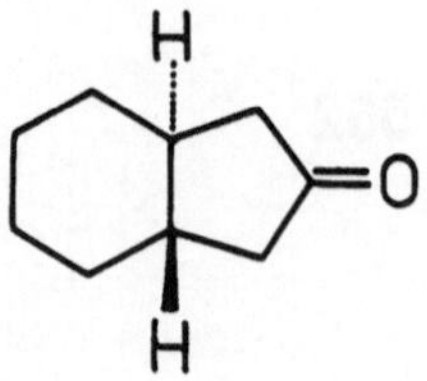

557

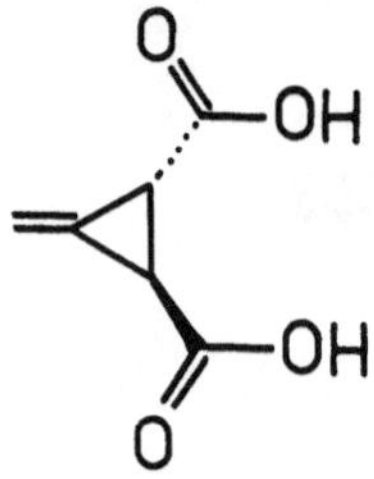

558

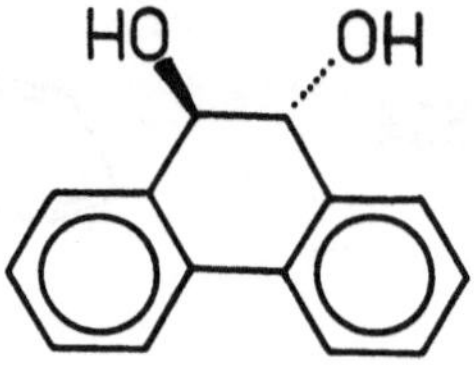

559

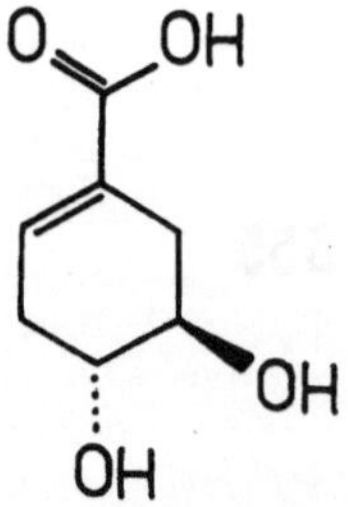

560

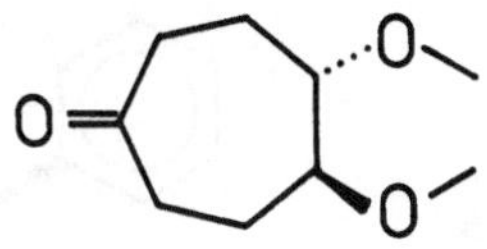

561

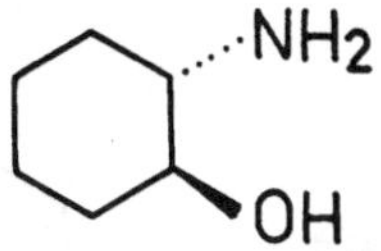

562

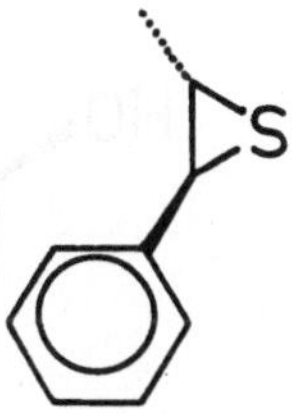

563

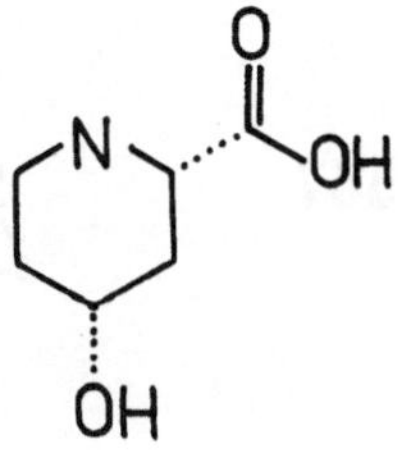

564

565

566

567

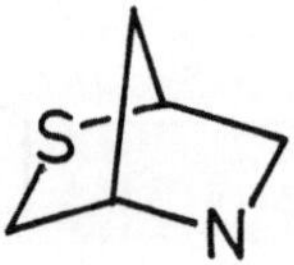

568

569

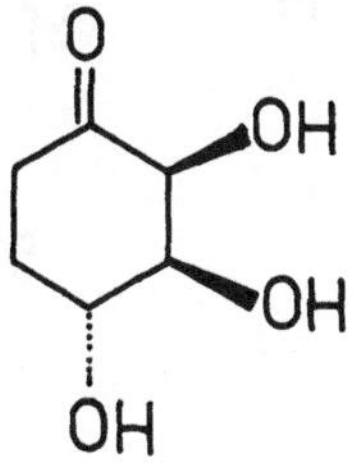

570

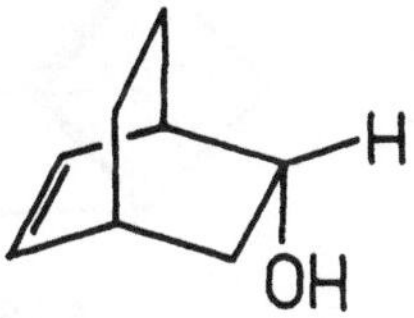

571

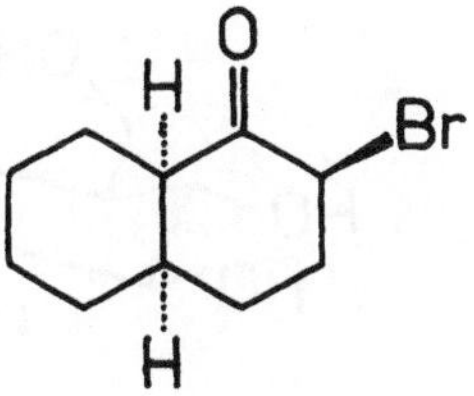

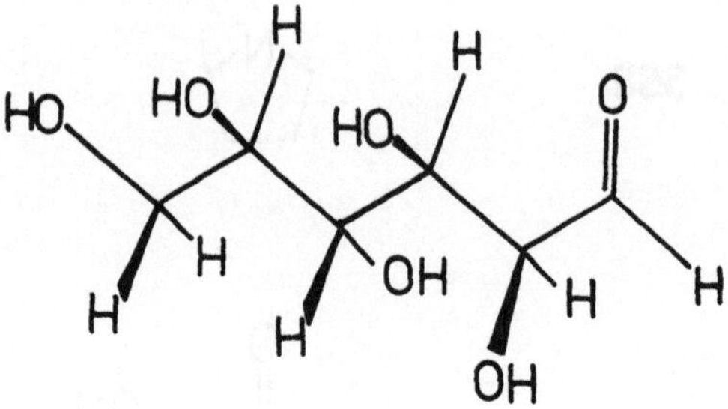

572

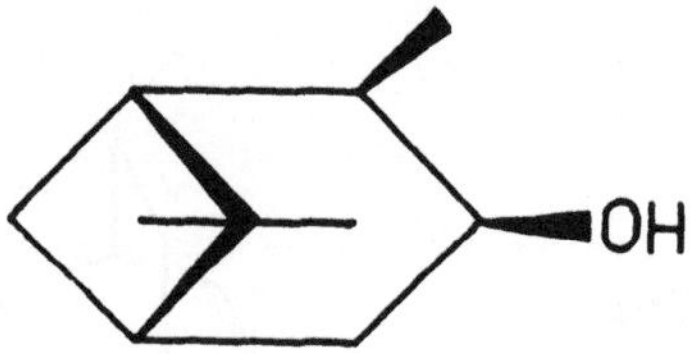

573

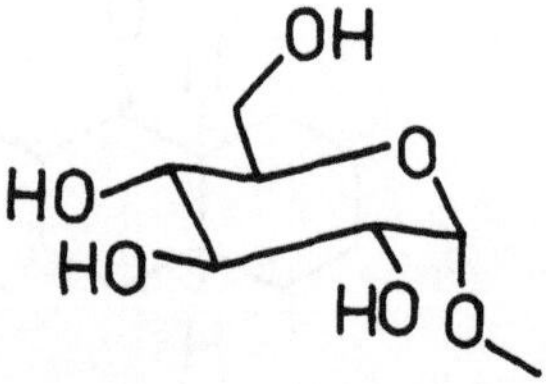

574

Druck: Novographic, Ing. Wolfgang Schmid, A-1230 Wien.